Hubert Reeves
*Wo ist das Weltall zu Ende?*
Das Universum
meinen Enkeln erklärt

*Aus dem Französischen
von Annabel Zettel*

C.H.Beck

Titel der französischen Originalausgabe:
*L'Univers expliqué à mes petits-enfants*
© Éditions du Seuil, 2011

Sternenhimmelkarte auf dem Vorsatz
© Peter Palm, Berlin

© Verlag C.H.Beck oHG, München 2012
Gesetzt aus der MrsEaves bei Fotosatz Amann
Druck und Bindung: Pustet, Regensburg
Umschlaggestaltung: Geviert — Büro für Kommunikationsdesign
München, Michaela Kneißl
Umschlagabbildung: © Olivier Balez, Santiago de Chile
Gedruckt auf säurefreiem, alterungsbeständigem Papier
(hergestellt aus chlorfrei gebleichtem Zellstoff)
Printed in Germany
ISBN 978 3 406 63021 7

*www.beck.de*

*Vorwort* · 7

Ein Abend voller Beobachtungen · 9

Wie weit sind die Sterne entfernt? · 13

Woraus bestehen die Sterne? · 19

Wodurch erwärmt sich die Sonne? · 23

Wie berechnet man das Alter der Sonne? · 29

Wir sind Sternenstaub · 33

Bienenkörbe und Galaxien · 37

Das Universum dehnt sich aus · 41

Eine Geschichte des Universums · 47

Wie alt ist das Universum? · 57

Sind wir allein im Universum? · 63

Die Natur ist strukturiert wie eine Schrift · 73

Die Stufenleiter der Natur · 79

Pascal und das obere Ende der Leiter · 91

Steinerne Tafeln · 99

Das Multiversum · 109

Die Uhr und der Uhrmacher · 113

Was ist ein schwarzes Loch? * * * * * * * 117

Dunkle Materie * * * * * * * 123

Dunkle Energie und die Zukunft des Universums * * * * * * * 127

*Ein paar Gedanken zum Schluss* * * * * * * * 133

Vorwort

Der Titel dieses Buches ruft mir *Die Kunst, ein Groß-vater zu sein* von Victor Hugo in Erinnerung. In einer Welt, in der Paare nicht mehr so stabil zusammenleben wie früher, sind die Großeltern zu wichtigen Bezugspersonen geworden, zumal sie das Leben ihrer Enkel heute in der Regel länger begleiten.
Ich habe acht Enkel: Emmanuelle, Raphaëlle, Dorian, Elsa, Cyprien, Sevan, Massis und Noé, die zwischen 6 Monaten und 21 Jahren alt sind. Ihnen widme ich dieses Buch. Als ich begonnen habe, es zu schreiben, wurde mir bewusst, welche symbolische Bedeutung ich ihm verleihen könnte: die eines spirituellen Testaments.
Was möchte ich meinen Enkeln von der Geschichte dieses großen Universums, das sie nach mir weiter bewohnen werden, gerne erzählen? Wie kann ich ihnen helfen, diese Kenntnisse auf ihre Weise umzusetzen?
Ich habe mich entschieden, für Kinder zu schreiben, die im Alter von etwa vierzehn Jahren sind. Und natürlich auch für all jene, die mehr über un-

seren Kosmos und seine Geschichte wissen wollen. Dieses Buch ist aus Gesprächen mit einer meiner Enkelinnen an gewissen Sommerabenden entstanden. Wir führten unseren Dialog unter freiem Sternenhimmel, den wir bequem auf Liegestühlen ausgestreckt betrachteten. Während des Schreibens hatte ich das Gefühl, jene Augustabende noch einmal zu erleben, an denen ich mit meinen Enkeln den funkelnden Sternen zusah und von ihnen mit Fragen bombardiert wurde.

Gemeinsam betrachteten wir das Himmelsgewölbe, teilten das Gefühl, unseren Platz inmitten der Sterne zu haben, und den Wunsch, mehr über diesen geheimnisvollen Kosmos zu erfahren, dessen Bewohner wir sind.

Es wird hier von Naturwissenschaft die Rede sein, was aber die Poesie nicht ausschließt.

Ein Abend voller Beobachtungen

*Großpapa, als ich meinen Freunden gesagt habe, dass wir zusammen dieses Buch über das Universum schreiben werden, haben sie mir eine Menge Fragen gestellt, die ich dir weitergeben soll.*
Zum Beispiel?

*Wo ist das Weltall zu Ende? Was war da vor dem Urknall? Wird es ein Ende der Welt geben? Was wird dann passieren? Und natürlich: Gibt es andere bewohnte Planeten? Glaubst du an Außerirdische? Meine Freunde sagen mir auch, dass in deinen Büchern viele kulinarische Vergleiche vorkommen. Sie erzählen mir von der Buchstabensuppe und dem Rosinenkuchen, den deine Mutter backte.*
Wir werden über all das sprechen. Dank der Wissenschaften und besonders der Astronomie begreifen wir mittlerweile viele Dinge. Aber es gibt eine große Anzahl von Fragen, die unbeantwortet bleiben, und viele ungelöste Rätsel. Auch davon werde ich dir erzählen, damit du nicht den Ein-

druck bekommst, dass wir alles wissen. Unser Universum bleibt immer noch zutiefst geheimnisvoll... Streck dich auf deinem Liegestuhl aus und schließe die Augen. Atme tief ein. Konzentriere dich auf alle Partien deines Körpers: deine Füße, deine Finger... Deine Augen, deine Ohren, deine Nase. Bist du dabei?

*Ja, ich spüre meinen ganzen Körper.*
Damit beginnt für jeden von uns das Universum: mit dem, was du fühlst, mit der Möglichkeit zu sehen, zu hören, deine innere Welt und zugleich die Außenwelt wahrzunehmen. Du bist Teil dieses Universums, und wir werden es über deinen Körper und deinen Geist erforschen. Öffne jetzt deine Augen. Es ist Nacht, der Himmel ist klar. Überall sind Sterne, solche, die funkeln, und andere, die sehr schwach leuchten, mit bloßem Auge kaum sichtbar. Da ist die Erde, die uns trägt, die Sonne, die uns den Tag erhellt, und der blasse Mond. Das Universum ist all das. Alles, alles, alles. Aber bevor wir anfangen, sag mir, wie alt bist du?

*Ich werde bald vierzehn Jahre alt.*
Wo warst du vor zwanzig Jahren?

*Aber da gab es mich doch noch nicht, Großpapa.*
Natürlich! Mich gab es, aber dich nicht. Und dann fand ein ganz besonderes Ereignis statt, du wur-

dest geboren, du warst auf der Welt und hast begonnen zu leben. Du bist ins Universum eingetreten. Vorher gab es dich dort nicht. Ich spreche nicht von dem Tag, der jetzt das Datum deines Geburtstages ist. Ich spreche von dem Moment, ungefähr neun Monate zuvor, an dem dein Vater und deine Mutter dich gezeugt haben, als sie miteinander schliefen. Dieser Tag ist für dich viel wichtiger als dein Geburtstag. An diesem Tag bist du auf einem kleinen Planeten aufgetaucht, auf der Erde, die sich um die Sonne dreht. Diese kreist ihrerseits um das Zentrum unserer Galaxie, die Milchstraße, welche wiederum eine der zahllosen Galaxien unseres Universums ist. Das Ganze hat sich im Bauch deiner Mutter abgespielt. Millionen von kleinen Zellen mit einem langen Schwanz (die Spermatozoen) kamen durch deinen Vater dort hinein. Drinnen liefern sie sich einen Wettlauf. Sie stürzen sich Hals über Kopf auf die wartende Eizelle, die die andere Hälfte von dir werden soll. Was für ein Kampfgeist! Von all diesen Bewerbern spielt für uns hier nur einer eine Rolle, derjenige, der das Rennen gewinnen wird. Er wird in die Eizelle eindringen und sie befruchten. Die anderen sterben. Und du bist ins Leben getreten dank dieser beiden Zellen, aus deren Vereinigung du entstanden bist. Du bist jetzt eine Bewohnerin des Kosmos. Es ist dieser Moment, in dem das lange Abenteuer deines Lebens beginnt.

Während der neun Monate, die darauf folgen, wird aus der kleinen befruchteten Eizelle ein Embryo, dann anschließend ein Fötus. Die Zellen deines Körpers suchen sich ihren Platz, damit du leben und die Welt kennenlernen kannst, in die du mit dem Tag deiner Geburt, als du aus dem Bauch deiner Mutter herauskamst, eingetreten bist. Später hast du die Augen geöffnet, du hast die Welt betrachtet, und du hast dich darauf vorbereitet, mir Fragen wie diese zu stellen: «Großpapa, was ist das, das Universum?»
Aber gleich werde ich dir noch eine erstaunliche Information geben: Hätte es nicht schon lange vor deiner Geburt Sterne am Himmel gegeben, dann würdest du nicht existieren, du wärest nicht geboren worden. Und ich genauso wenig ... Und wir würden hier jetzt nicht zusammen sprechen.

> *Ich kann mir nicht vorstellen, dass die Sterne, die so weit entfernt am Himmel stehen, etwas mit meiner Existenz zu tun haben. Das ist wie ein Wunder! Wie kannst du das wissen?*

Wir werden darauf zu sprechen kommen. Aber vorher werde ich dir viele Dinge erklären.

# Wie weit sind die Sterne entfernt?

*Ich werde die Sterne nie mehr auf dieselbe Weise betrachten wie früher. Aber ich kann nicht sehen, ob sie nah oder fern sind. Sag mir, wie kann man zum Beispiel die Entfernung zwischen der Erde und der Sonne erkennen?*

Um dir das zu erklären, werden wir uns zuerst unserer Sonne zuwenden. Heute Abend gehen wir zu unserer Sternwarte, um zu sehen, wie sie untergeht. Diese große strahlende Kugel, die sich langsam dem Horizont nähert, ist ein Stern, genau wie jene, die wir nachts sehen. Aber die anderen Sterne sind so weit weg, dass sie uns im Vergleich viel weniger leuchtend vorkommen. Wir haben das Glück, dass es unter all den Sternen des Himmels einen gibt, der ganz nah bei uns ist.

*Ja, aber wie weit ist die Sonne weg?*
Natürlich ist sie weiter entfernt als das Gebirge, hinter dem sie untergeht.

*Viel weiter entfernt?*

Die Menschen stellten sich diese Frage schon sehr lange, bevor sie die Antwort fanden. Die einen sagten, dass sie sehr weit weg sei, die anderen meinten, sie sei sehr nah. Man erzählt sich, dass ein Gefangener namens Ikarus und sein Vater den Plan fassten, zu fliehen, indem sie sich mittels zweier mit Wachs am Rücken befestigter Flügel in den Himmel erhoben. Aber Ikarus beging einen fatalen Fehler, als er sich der Sonne näherte: Das Wachs schmolz und er ertrank im Ozean.

*Wie kann man denn nun also diese Entfernungen messen?*

Es gibt mehrere Methoden. Darunter ist eine, die man zum Beispiel für den Mond und das Sonnensystem anwenden kann. Erinnere dich an unsere Spaziergänge in den Bergen letzten Sommer. Wir fanden es lustig zu schreien, um das Echo unserer Stimmen zu hören. Je nach Entfernung kam es nach einer kürzeren oder längeren Zeit zu uns zurück. Der Schall (unser Schrei) reist schnell: dreihundert Meter in der Sekunde. Wenn das Echo nach zwei Sekunden zurückkommt (– eins – zwei), dann weißt du, dass der Felsen dreihundert Meter entfernt ist (eine Sekunde für den Hinweg und eine für den Rückweg). Um die Entfernungen im Sonnensystem zu messen, bedient man sich der-

selben Methode, zwar nicht mit Hilfe des Schalls
wie beim Echo im Gebirge, aber mit Hilfe des
Lichts.

*Gibt es Lichtechos?*
Ja, genauso wie es Schallechos gibt. Nur sind sie
viel schneller. Das Licht ist eine Million Mal
schneller als der Schall. Um die Entfernung des
Mondes zu messen, schickt man heute einen
Radarstrahl (eine Art von Licht) auf seine Oberfläche. Das Echo braucht zwei Sekunden, bis es
vom Mond zurück ist (eine für den Hinweg und
eine für den Rückweg). Der Mond ist eine
Lichtsekunde entfernt.
Um zur Sonne zu gelangen, braucht das Licht acht
Minuten. Man sagt, die Sonne ist acht Lichtminuten entfernt. Manchmal gibt es große Gewitter,
die über der Sonne niedergehen. Blitze entladen
sich auf ihrer Oberfläche. Aber man sieht sie erst
acht Minuten später. Wenn wir sie auf der Erde
beobachten, dann wissen wir, dass sie eigentlich
acht Minuten früher da waren. Warum? Weil das
Licht und seine Blitze die Entfernung zwischen
der Sonne und uns überwinden mussten.

*Heißt das, dass die Sonne, die wir heute Abend
sehen, die Sonne ist, wie sie vor acht Minuten
war? Wie sieht sie jetzt aus? Hat sie sich in den
acht Minuten verändert?*

Um das zu erfahren, müssen wir warten… acht Minuten. Zwischen der Sonne und unserem Stern liegt tatsächlich genau die richtige Entfernung. Weiter weg wäre es sehr kalt, und wir könnten nicht überleben. Näher dran wäre es zu heiß, und das Wasser des Ozeans würde verdampfen. Ohne flüssiges Wasser gäbe es auch kein Leben. Weil sich unsere Erde in einer günstigen Entfernung zur Sonne befindet, konnte sich Leben auf ihr entwickeln, und deshalb genießen wir hier ein bequemes Dasein.

Warten wir nun auf die Nacht. Die Sonne ist untergegangen. Die Sterne gehen am Himmel auf. Ihr Licht ist weit gereist, bevor wir es von der Erde aus wahrnehmen können. Manche Sterne, die wir sehen, befinden sich Dekaden, Hunderte und sogar Tausende von Lichtjahren entfernt. Zum Beispiel ist der Polarstern, jener, der uns zeigt, wo Norden ist, vierhundertdreißig Lichtjahre weit weg. Sein Licht, das uns heute erreicht, reiste um das Jahr 1580 von diesem Stern aus los.

*Und die drei Sterne, die du die Drei Könige im Sternenbild Orion nennst, wie weit sind die weg?*
Ihr Licht ist schon tausendfünfhundert Jahre unterwegs, bevor es auf unsere Augen trifft. Es ist gegen Ende des römischen Kaiserreichs aufgebrochen, und während des ganzen Mittelalters, der Renaissance und der jüngeren Epochen sauste es

durch das Weltall, bis es nun endlich bei uns ankommt. Natürlich könnten wir ihre zurückgelegten Entfernungen nicht mit der Echo-Methode messen. Wir müssten für den Hin- und Rückweg dreitausend Jahre lang warten. Man verwendet andere Methoden. Du kannst über sie in den Astronomiebüchern lesen.
Und wenn du nun die mit großen Teleskopen aufgenommenen Bilder des Kosmos betrachtest, dann siehst du eine große Zahl von Galaxien. Hier sind die Entfernungen noch viel größer. Das Licht einiger unter ihnen wurde sogar noch vor der Entstehung der Erde und der Sonne ausgesandt. Es reist praktisch seit dem Beginn des Universums.

*Woher weiß man, was aus ihnen geworden ist? Vielleicht existieren sie nicht mehr.*

Die Frage stellt sich in der Tat. Man glaubt, dass zahlreiche unter ihnen von größeren verschluckt worden sind. Es herrscht viel Kannibalismus unter den Galaxien. Aber um das unmittelbar nachzuprüfen, müssten wir uns Milliarden von Jahren gedulden. Behalte diese Information gut: Wenn du einen weit entfernten Stern beobachtest, dann siehst du ihn so, wie er in einer längst zurückliegenden Vergangenheit war, und nicht so, wie er heute ist. Man kann das zusammenfassen, indem man sagt: «In die Ferne blicken heißt in die Vergangenheit blicken.» Die Astronomen haben eine «Maschine zum Zurückdrehen der Zeit» zur Verfügung, von der alle Historiker der Erde träumen. Sie erlaubt es uns, die Vergangenheit des Kosmos direkt zu beobachten. Um zum Beispiel zu wissen, wie das Universum in dem Moment aussah, als vor 4,5 Milliarden Jahren die Sonne entstand, genügt es, Sterne zu beobachten, die 4,5 Milliarden Lichtjahre von uns entfernt sind. Das ist es, was die Astronomen heutzutage mit ihren leistungsfähigen Teleskopen tun. Auf diese Weise können wir die Geschichte des Universums rekonstruieren.

## Woraus bestehen die Sterne?

*Du hast mir gesagt, dass die Sterne sehr weit weg sind, aber dass sie trotzdem eine wichtige Rolle für unsere Existenz hier auf der Erde gespielt haben. Ich sehe nur kleine leuchtende Punkte. Woher weiß man, aus was sie bestehen? Und wie konnten sie zu unserem Leben beitragen?*

Um auf deine Frage zu antworten, werde ich Begriffe verwenden, die dir vielleicht schon vertraut sind. Wir werden von Atomen und Licht sprechen.

*Ja, ich habe schon etwas zu diesem Thema gelernt, aber es ist mir nicht ganz klar geworden. Erklär es mir, und tu so, als wenn ich noch gar nichts wüsste.*

Einverstanden. Wir beginnen bei null. Schau dich um. Du siehst eine große Zahl verschiedener Substanzen: die Erde und die Steine, aus denen der Boden ist, auf dem du gehst, das Wasser, das du trinkst, die Luft, die du atmest, deine Nahrung – die Früchte und das Gemüse. Und auch dein Körper, den du spürst. Eine der größten Entdeckungen der Wissenschaft war es, zu zeigen, dass all diese Substanzen, so zahlreich und unterschiedlich sie auch sein mögen, tatsächlich Kombinationen aus kleinen Teilchen sind, die man Atome nennt. Sie tragen Namen, die du kennst: Sauerstoff, Kohlenstoff, Eisen, Chlor, Natrium, Wasserstoff, Helium, Blei, Gold etc. Es gibt davon etwa hundert; ich gebe dir einige Beispiele: Wasser setzt sich aus Wasserstoff und Sauerstoff zusammen, das Tafelsalz aus Chlor und Natrium, die Steine enthalten vor allem Sauerstoff, Silizium, Eisen, Magnesium. Dein Körper besteht im Wesentlichen aus Sauerstoff, Kohlenstoff, Stickstoff und Wasserstoff. Die Luft, die du atmest, ist hauptsächlich eine Mischung aus Sauerstoff und Stickstoff. Diese Idee – dass die Substanzen, die wir wahrnehmen, Verbindungen von Atomen sind – ist bereits mehr als zweitausend Jahre alt. Sie wurde von antiken Philosophen wie Demokrit und Lukrez aufgebracht. Aber erst im 18. und 19. Jahrhundert konnten die Chemiker ihre Gültigkeit unter Beweis stellen.

> *All das ist so auf der Erde. Aber gilt das für die Sterne und die Planeten genauso? Woher soll man wissen, ob die Sonne aus Atomen besteht wie wir? Sie ist so weit weg, und die Atome sind so klein!*

Um dir das zu beantworten, muss ich dir jetzt etwas über das Licht und die Farben erzählen.

Beginnen wir mit den fluoreszierenden Lampen, die für Leuchtreklame verwendet werden. Da gibt es natürlich das Coca-Cola-Rot, das durch Wasserstoffatome ausgestrahlt wird, die von Glasröhren umschlossen sind. Es gibt auch das durch Natrium erzeugte Gelb der Beleuchtung in den Straßentunneln oder das Violett der Lampen mit Quecksilberdampf.

*Was muss man tun, damit diese Atome Licht entsenden?*
Wenn man einem Atom Energie zuführt, etwa indem man es mit Elektrizität auflädt, dann gibt es diese wieder ab, indem es Licht ausstrahlt. Jede Art von Atom sendet ein Licht aus, das aus bestimmten Farben zusammengesetzt ist. Der Wasserstoff leuchtet vor allem rot, das Natrium gelb, das Quecksilber violett. Diese Farben sind wie eine Art von Signatur, an der man die Atome wiedererkennt. Und zwar wo immer sie sich auch befinden: Auf der Erde oder im Weltraum und sogar an den äußersten Enden des Universums.

*Indem man sich die Farben der Sterne ansieht, kann man also ihre Zusammensetzung erkennen? Das ist genial! Wer ist darauf gekommen?*
Das war ein deutscher Astronom, Joseph von Fraunhofer, der 1811 zum ersten Mal eine Analyse des Sonnenlichts durchführte. Man fand darin

Anzeichen für viele verschiedene Atome: für Wasserstoff, Kalzium etc. Die Sonne ist also, wie wir, aus Atomen zusammengesetzt. Genauso ist es bei den Sternen, den Planeten und allen Gestirnen, die man im Universum beobachten kann. Wir finden dort jedes der Atome, die wir kennen. Und nur die, die wir kennen. Man hat am Himmel keine Varianten von Atomen gefunden, die auf der Erde unbekannt sind. Du ahnst die Bedeutung dieser Entdeckung! Dank des farbigen Lichts, das wir mit unseren Teleskopen wahrnehmen, können wir die atomare Zusammensetzung all dessen, was am Himmel leuchtet, aufschlüsseln.

Und dazu eine kleine Geschichte: Etwa zur selben Zeit setzte ein französischer Philosoph, Auguste Comte, das Wissen um die chemische Zusammensetzung der Sonne auf eine Liste von Phänomenen, die zu ergründen seiner Meinung nach unmöglich war. Du siehst, man sollte also niemals sagen: «Das ist unmöglich!»

Wodurch erwärmt sich die Sonne?

Es war mir wichtig, heute Abend vor Sonnenuntergang zu kommen. Du sagtest mir, dass du mir andere Fragen über die Sonne stellen wolltest... Nutzen wir ihre Anwesenheit, bevor sie verschwindet.

*Ich würde gerne wissen, wie lange sie schon in dieser Gestalt am Himmel existiert, und wie sie es schafft, so viel Licht und Hitze zu produzieren.*

Das sind Fragen, die sich die Menschen schon vor Tausenden von Jahren gestellt haben. Aber die Antworten weiß man erst seit ungefähr einem Jahrhundert. Sie sind noch ganz neu.

Ich werde dir erst diese Antworten verraten und dir dann sagen, wie man auf sie gekommen ist. Es ist immer interessant, in die Vergangenheit zu blicken und zu erzählen, wie sich die Probleme früher gestellt haben, bevor man die Lösungen dafür gefunden hat.

Die Sonne erwärmt sich durch Nuklearenergie, vergleichbar mit den Reaktoren, die in einigen

Ländern eine wichtige Quelle elektrischer Energie sind. Sie scheint seit 4,5 Milliarden Jahren. Die Geschichte dieser Entdeckung beginnt bei den Versuchen der Geologen im 18. und 19. Jahrhundert. Als sie in den tiefen Schichten des Erdbodens gegraben haben, fanden sie zu Fossilien gewordene Reste von Pflanzen und Tieren, die vor Hunderten von Millionen von Jahren existiert haben. Da das Leben eine permanente Wärmequelle benötigt, beweist das, dass die Sonne bereits zu diesen weit zurückliegenden Zeiten schien. Das hat natürlich Fragen nach sich gezogen: Welche Energiequelle könnte das sein, die es unserem Stern seit so langer Zeit ermöglicht, eine solche Hitze zu produzieren? Wie gelingt es der Sonne zu scheinen, ohne ihre Energiereserven aufzubrauchen? Im 19. Jahrhundert kannten die Wissenschaftler die Nuklearenergie noch nicht. Sie wurde zu Beginn des 20. Jahrhunderts entdeckt.
Nehmen wir an, dass die Sonne eine riesige Kugel aus Kohle des gleichen Volumens wäre, die sich langsam aufbraucht. Mit der Geschwindigkeit, mit der sie verbrennt und sich in Licht verwandelt, das unsren Planeten erwärmt, wie lange würde es dauern, bis ihre Energiereserven erschöpft sind? Die Antwort ist einfach: Nicht länger als ein oder zwei Millionen Jahre! Problem: Das ist nicht genug, wenn man weiß, dass es vor zwei- oder dreihundert Millionen von Jahren schon Dinosaurier

gab. Man hat also logischerweise angenommen, dass es eine andere, zu dieser Zeit unbekannte Form von Energie gibt, die dazu in der Lage ist, die Sonne schon seit viel Längerem scheinen zu lassen. Diese Energieform, man hat sie zu Beginn des 20. Jahrhunderts gefunden, ist die Nuklearenergie. Wie fast alle Sterne besteht die Sonne aus Wasserstoff. In ihrem Zentrum beträgt die Temperatur vierzehn Millionen Grad. Diese Temperatur provoziert die nukleare Reaktion des Wasserstoffs, durch die Energie freigesetzt wird. Indem er sich aufbraucht, verwandelt sich der Wasserstoff in Helium. Wie in einer von den Menschen erfundenen Wasserstoffbombe auf der Erde.

*Aber die Sonne explodiert nicht!*
Das ist der Unterschied. In der Sonne wird die Energie kontinuierlich abgegeben. Das nennt man kontrollierte Kernfusion. Auf der Erde kann man Bomben herstellen, aber man kann den Energieausstoß noch nicht kontrollieren. Auf diesem Gebiet wird sehr aktiv geforscht.
Diese Wasserstoffverbrennung im Herzen der Sonne ist auch die Energiequelle für alle Sterne unseres Himmels. Sie hat zwei bedeutende Wirkungen. Zunächst einmal setzt sie Energie frei, die sich schließlich in Licht und Hitze verwandelt: Die Reserven der Sonne an Nuklearenergie sind so groß, dass sie zehn Milliarden Jahre lang schei-

nen kann; kein Problem also mehr, was das Zeitalter der Dinosaurier angeht! Darüber hinaus produziert sie neue Atome. Vier Wasserstoffteilchen fusionieren zu einem Heliumatom. Später wird sich das Helium seinerseits in Kohlenstoff, Stickstoff und Sauerstoff verwandeln. Und noch später bilden sich im Innern der älter werdenden Sterne durch das gleiche Phänomen nuklearer Reaktionen fast alle Atome des Kosmos.

*Aber wenn diese Atome in den Sternen entstehen, wie sind sie dann bis zu uns gelangt?*
Die Sterne leben nicht unendlich lang. Sie sterben, wenn ihre Reserven an nuklearer Energie erschöpft sind. Unsere Sonne wird nach unseren Berechnungen in ungefähr fünf Milliarden Jahren sterben. Sie wird dann aussehen wie ein großer Nebel (irrtümlich «planetarischer Nebel» genannt).

*Sieht man so etwas heute Abend?*
Schau dir den Himmel an. Siehst du das «Sommer-Dreieck»: Wega im Sternenbild der Leier, Deneb im Schwan und Altair im Adler. Es gibt einen sehr schönen Nebelfleck nahe dem Stern Wega. Aber man braucht ein Teleskop, um ihn zu sehen. All das, woraus ein sterbender Stern besteht – einschließlich der neuen Atome, die er im Lauf seines Lebens gebildet hat –, wird sich im

Weltall verteilen und sich später in die Nebel der
Milchstraße integrieren. Daraus werden neue
Sterne entstehen können. Aus bestimmten werden
Planeten wie unsere Erde. Man wird dort Atome
finden, die einst erloschene Sterne hervorgebracht
haben.

*Weiß man, wie die Sonne entstanden ist? Und wie
sie sterben wird?*
Um das zu verstehen, werden wir im Wald nebenan
spazieren gehen. Es ist ein Eichenwäldchen.
Eichen können sehr alt werden. Viel älter als wir.
Manchmal leben sie mehr als tausend Jahre lang.
Niemand könnte all das, was im Leben einer
einzigen Eiche passiert, verfolgen. Aber wenn wir
im Wald spazieren gehen, sehen wir Eichen jeden
Alters. Baby-Eichen, die noch mit der Eichel
verbunden sind, aus der sie hervorkamen, kleine
Eichen mit nur wenigen Blättern, große majes-
tätische Bäume, alte Eichen, die schon dabei sind,
abzusterben, und letztlich, am Grund, tote Bäume,
die mit Efeu und Pilzen bewachsen sind und langsam vermodern. So kann man alle Lebensphasen
einer Eiche beobachten, ohne dass man Jahrhunderte warten muss.
Heutzutage kennen wir uns im Leben der Sterne
gut aus. Wir wissen, dass sie in bestimmten Regio-
nen der Galaxie geboren werden, die wir die Wiege
der Sterne nennen. Sie bilden sich, wenn große

gasförmige Nebel unter ihrem eigenen Gewicht zusammenfallen. Als proto-solar bezeichnen wir den Nebel, welcher der Ursprung der Sonne und des Sonnensystems mit seinen Planeten, Meteoriten, Kometen etc. ist. Wir wissen, wie die Sterne leben und sterben. Wir können das Alter jedes einzelnen in Erfahrung bringen und die Zeit, die ihm noch zu leben bleibt.

Der Himmel über unseren Köpfen ist wie ein großer Wald voller Sterne. Wie bei den Eichen sieht man Exemplare jeden Alters. Ganz junge, Sterne in der Mitte ihres Lebens (das ist bei unserer Sonne der Fall), alternde Sterne, Überreste von toten Sternen. Wir haben alle Lebensphasen unserer Sonne vor Augen, ihre Vergangenheit und ihre Zukunft, ohne dass wir die fünf Milliarden Jahre bis zum Ende ihres Lebens warten müssen.

## Wie berechnet man das Alter der Sonne?

Jetzt, wo die Sonne verschwunden ist und die Sterne anfangen zu leuchten, werden wir von ihnen sprechen, wenn du einverstanden bist.

*Aber du hast mir noch nicht gesagt, wie man es geschafft hat, das Alter der Sonne zu berechnen!*
Dann müssen wir von Neuem über Atome sprechen. Zu Beginn des 20. Jahrhunderts entdeckte man dank der Forschungen von Pierre und Marie Curie, dass einige der schwersten Atome, das Uran zum Beispiel, eine seltsame Eigenschaft haben. Sie sind nicht stabil. Nach einer bestimmten Zeit zerfallen sie in Stücke und geben dabei Hitze ab. Man sagt, sie spalten sich. Eine Variation des Uran, das Uran-235, zerfällt zur Hälfte nach einer Milliarde Jahren.

*Zerfallen alle Atome gleichzeitig?*
Nein, das passiert schrittweise. Das bedeutet etwa, dass sich nach einer Milliarde von Jahren die Hälfte der Uranatome, die es am Anfang gab, ge-

spalten haben wird. Nach zwei Milliarden Jahren bleibt davon nicht mehr als ein Viertel. Nach drei Milliarden Jahren ist noch ein Achtel übrig etc. Man sagt, dass das Uran-235 eine «Halbwertszeit» von einer Milliarde Jahren hat.

*Wo findet man Uran?*
Man findet geringe Mengen in bestimmten Steinen. Wenn du deine Hand auf sie legst, dann fühlst du die Wärme. Indem man diese Atome verdichtet, erhält man den Brennstoff der Nuklearreaktoren. Und auch der Atombomben...
Aber diese Atome haben auch einen anderen Nutzen; sie können als Chronometer dienen. Man misst die Anzahl der radioaktiven Atome in einem Stein: Je weniger radioaktive Atome bleiben, desto älter ist der Stein. So kann man das Alter der Steine auf der Erde herausfinden und auch das der Meteoriten.

*Was ist das, ein Meteorit?*
Das ist ein kleiner felsartiger Körper, der um die Sonne kreist wie die Planeten. Es gibt sie in allen Größen. Die kleinsten sind vergleichbar mit so etwas wie Rollsplitt. Wenn sie in die Atmosphäre eintreten, verglühen sie und hinterlassen eine Spur am Himmel. Erinnere dich an die schönen Sternschnuppen im August letzten Jahres! Gewisse Meteoriten größeren Ausmaßes fallen manchmal

auf die Erde. Sie enthalten in der Regel in geringer Menge verschiedene Arten von radioaktiven Atomen, von denen jedes seine eigene Halbwertszeit hat.

Man war zunächst erstaunt über die Tatsache, dass fast alle diese Meteoriten das gleiche Alter aufweisen. *Vier Milliarden fünfhundert Millionen Jahre.*
Als die Kosmonauten zum Mond geflogen sind, haben sie Steine vom Boden aufgehoben. Sie haben sie mit zurückgebracht und auf diese Weise ihr Alter berechnet. Ergebnis: das gleiche Alter wie das der Meteoriten.

*Warum haben alle diese Objekte das gleiche Alter?*
Erinnere dich daran, dass sich die Sterne und ihre Planeten gemeinsam aus einem Nebel von Gas und feinem Staub bilden *(siehe Seite 27 und 28).*
Man leitet daraus ab, dass das Alter, das man bei Meteoriten und Mondgestein gemessen hat, auch das Alter des proto-solaren Nebels ist, also das der Sonne. Diese ganze kleine Welt ist mit einem Mal vor 4,5 Milliarden Jahren entstanden.

## Wir sind Sternenstaub

*Jetzt ist die Sonne untergegangen, und der Himmel ist wundervoll heute Abend. Man sieht überall Sterne. In einem deiner Bücher hast du geschrieben, dass wir «Sternenstaub» sind. Was soll das bedeuten?*

Das ist noch eine der großen Entdeckungen der heutigen Wissenschaft. Eine Entdeckung, die uns mit der Welt der Sterne verbindet.
Berühre deine Stirn, während du den Himmel betrachtest. Würdest du glauben, dass die Atome, aus denen dein Körper besteht, von den Sternen stammen? Das ist genau das, was die Astronomen dank ihrer Teleskope und ihrer ausdauernden Arbeit herausgefunden haben. Wie ich dir schon gesagt habe, ist es im Zentrum der Sterne sehr heiß – mehrere Millionen Grad –, und es finden dort nukleare Reaktionen statt. Sie bringen neue Atome hervor, die sich im Körper des Sterns ansammeln. Später, nach dem Tod und dem Zerfall jeden Sterns, schweifen diese Atome frei im Weltraum umher. Eine gewisse Zahl findet sich in

der Materie wieder, aus der unser Planet besteht. Sie kreisen in den Erdböden und in den Ozeanen. Und eines Tages finden sie Eingang in den Kreislauf aller Arten von Lebewesen. Seither setzt sich jedes Individuum aus diesen Atomen zusammen, und deine Nahrung führt dir ständig welche davon zu. Man kann wirklich behaupten, dass wir Sternenstaub sind! In diesem Sinne sind die Sterne die Urgroßeltern aller Menschen jeder Epoche und allen Lebens auf der Welt. Nach dem Tod kehren die Atome unseres Körpers zur Erde der Friedhöfe zurück. Sie können zur Bildung von anderen Lebewesen, Pflanzen oder Tieren beitragen. Atome sterben nicht. Sie kehren immer wieder zurück in einen riesigen Kreislauf, der den ganzen Planeten umfasst.

*Wird das noch lange so weitergehen?*
Bis zum Tod der Sonne in ungefähr fünf Milliarden Jahren. Zu diesem Zeitpunkt wird unser gelber Stern rot werden und sich gewaltig aufblähen. Er wird zu einem riesigen roten Stern werden wie der schöne Antares – das Auge des Skorpions im Tierkreis –, der während des Sommers im Süden, knapp über dem Horizont, gut zu sehen ist. Die Hitze, die auf unseren Planeten abstrahlt, wird sehr viel stärker werden. Das Wasser wird verdampfen, und der Erdboden wird sich in Wüste verwandeln. Noch später werden die Steine selbst

verdampfen. Alle Atome unseres Planeten kehren
wieder ins Weltall zurück und werden Teil neuer
Nebel. Vielleicht werden sie zu anderen Planeten,
auf denen irgendwann auch kleine Mädchen wohnen, die ihren Großvätern Fragen stellen... Und
das Recycling der Atome findet dort oben von
Neuem statt, wie heute hier.

Oft fragen mich die Leute: «Wozu dienen Astronomie und Teleskope?» Hier hast du eine Antwort. Durch sie haben wir gelernt, dass die Sterne, so weit sie auch entfernt sind, uns überhaupt
nicht fremd sind. Sie haben einen wichtigen Teil
zu unserer Existenz beigetragen. Ohne sie gäbe es
keine Atome, also keine Gehirne, um Fragen zu
stellen! Es bedurfte einiger Anstrengung, bis wir
verstehen konnten, was sich im Universum abspielt und wie wir daraus entstanden sind, aber
das war es wert! Indem sie uns das Universum
erklärt, erklärt uns die Wissenschaft etwas über
uns selbst. Sie erforscht alle Ereignisse, die im
Himmel und auf der Erde nacheinander stattfanden und unsere Existenz bedingten... Sie
erzählt uns unsere eigene Geschichte.

Bienenkörbe und Galaxien

*Ich habe noch viele Fragen, die ich dir stellen muss.*
Machen wir es uns wieder auf unseren Liegestühlen bequem und unterhalten wir uns weiter. Jetzt ist die Nacht wirklich hereingebrochen, und man sieht zahllose Sterne am Himmel.

*Ja, überall... Es gibt keine Zone des Himmels, die nicht von ihnen bedeckt ist. Gibt es im ganzen Universum so viele?*
Nein. Es gibt weite Räume ohne Sterne. Man bemerkt das nicht mit bloßem Auge, aber man kann es mit unseren Teleskopen feststellen. Im Universum gruppieren sich die Sterne in großen Ansammlungen, die man Galaxien nennt. Jede Galaxie umfasst etwa hundert Milliarden Sterne. Wenn du viele Sterne siehst, dann ist das, weil wir uns innerhalb einer Galaxie befinden. Wenn wir diese verlassen würden, würdest du viel weniger davon sehen. Man kann die Sterne einer Galaxie mit den Bienen in einem Bienenkorb vergleichen. Jede Biene eines Korbes wird dort geboren, lebt und

stirbt dort. Es gibt viele Bienenkörbe, und jede Biene gehört in einen von ihnen. Sie hat dort gewissermaßen ihre Familie. Genauso gehört jeder Stern zu einer Galaxie. Unsere Sonne ist ein Stern der Milchstraße.

*Kann man unsere Galaxie am Himmel sehen?*
Schau dir den Himmel gut an. Man erkennt ein blasses weißes Band, das im Norden über dem Horizont aufsteigt, seine Bahn über unseren Köpfen zieht und im Süden wieder in Richtung Horizont abtaucht. Das ist unsere Galaxie. Man sieht nur einen Teil von ihr; der Rest läuft auf der anderen Seite der Erde entlang und kommt im Norden wieder hervor. Weil wir Teil von ihr sind, können wir sie nicht im Ganzen wahrnehmen. Das ist ungefähr so, wie wenn jemand auf einem Ast sitzt und nicht den ganzen Baum, sondern nur die Zweige, die um ihn herum wachsen, sehen kann.

*Können wir andere Galaxien sehen?*
Selbst die Galaxien, die uns am nächsten sind, können wir mit bloßem Auge nicht wahrnehmen. Bis auf drei, die man in ganz besonders dunklen Nächten mit knapper Not erkennt. Am Herbsthimmel der nördlichen Hemisphäre kann man die Andromedagalaxie nah dem Sternbild Kassiopeia (das die Form eines W bildet) sehen. Man muss sie mit einem Fernglas betrachten. Wenn du diesen

weißen, ovalen Fleck erspähst, dann denk daran, dass sein Licht die Galaxie vor nahezu drei Millionen Jahren verlassen hat, als die Vorfahren der ersten Menschen auf der Erde zu laufen begannen. In der südlichen Hemisphäre kann man zwei andere Galaxien sehen: die Magellanschen Wolken. Sie sind uns am nächsten. Die anderen sind viel weiter, manche sogar tausendmal so weit entfernt.

*Wie viele gibt es von ihnen?*
Mit unseren leistungsstärksten Teleskopen könnte man mehr als hundert Milliarden von ihnen ausmachen. Das Universum stellt sich uns als eine riesige inselartige Ansammlung von Galaxien in einem gigantischen Ozean dar, den man den intergalaktischen Raum nennt.

*Wäre es mit solchen Teleskopen möglich, alle Galaxien des Universums zu sehen?*
Nein, nicht einmal mit den stärksten Teleskopen könnte man das ganze Universum sehen. Unsere Beobachtungen sind durch einen Horizont begrenzt, über den hinaus wir nichts mehr wahrnehmen können. So ähnlich, wie wenn man am Meeresufer steht und in die Ferne blickt.

*Was glaubst du, befindet sich jenseits dieses Horizonts?*
Zweifellos andere Galaxien.

*Wie viele?*
Man weiß darüber nichts.

*Könnte es sein, dass es unendlich viele sind?*
Ja, das ist möglich. Das Faszinierende an der Erforschung des Universums ist, dass man auf alles gefasst sein darf. Selbst auf Dinge, die völlig unvorstellbar erscheinen.

## Das Universum dehnt sich aus

*Ich habe irgendwo gelesen, dass sich das Universum ausdehnt. Was bedeutet das? Wird es größer? Und wenn es sich ausdehnt, wohin dehnt es sich dann aus? Du musst mir das erklären.*

Wenn man einer Frage auf den Grund gehen will, dann ist es immer aufschlussreich, bis zu ihrem Ursprung zurückzugehen. Woher kommt diese Idee einer Ausdehnung des Universums? Um 1920 werden in Kalifornien große Teleskope zum Einsatz gebracht. Der amerikanische Astronom Hubble unternimmt mit ihnen Messungen, um die Entfernung und die Bewegung einer Reihe von Galaxien zu bestimmen.

*Dachte man wirklich, dass sie sich verschieben könnten?*

Man wusste darüber gar nichts... Alles war möglich! Die Resultate waren so erstaunlich, so unerwartet, dass selbst Hubble zunächst an ihrer Richtigkeit zweifelte. Er glaubte, irgendwo einen Fehler begangen zu haben. Seinen eigenen Schülern gelang es jedoch schließlich, ihn in seiner Entdeckung zu bestärken. Er ignorierte zunächst die Tatsache, dass er gerade auf etwas gestoßen war, das unsere gesamte Weltsicht beeinflussen sollte.

*Was hat er denn nun so Außergewöhnliches entdeckt?*

Er hat entdeckt, dass die Galaxien im Weltraum nicht unbeweglich sind. Sie verschieben sich, indem sie sich voneinander entfernen. So weit nicht überraschend. Aber dieses Phänomen provoziert viele weitere Reaktionen. Die Galaxien weisen im Gesamten eine ganz spezielle Art der Bewegung auf. Je weiter sie auseinander liegen, desto schneller entfernen sie sich voneinander!

*Wie kann ich mir das am besten vorstellen. Ich habe das Gefühl, du bringst jetzt gleich deinen berühmten Rosinenkuchen ins Spiel!*

Genau. Mit Hilfe dieses Vergleichs können wir uns ein Bild machen. In einen Teig, der Hefe enthält, hat man Rosinen gegeben. Man schiebt das Ganze in den Ofen und beobachtet, was passiert. Da der Teig aufgeht, geraten auch die Rosinen in Bewegung und entfernen sich langsam voneinander. Stellen wir uns jetzt vor, wir sitzen auf einer dieser Rosinen und schauen uns um. Wir könnten sehen, wie unsere Nachbarrosinen auf eine ganz bestimmte Weise von uns wegtreiben. Jene, die uns am nächsten sind, bewegen sich langsam. Diejenigen, die am weitesten weg sind, wandern viel schneller... Aber alle entfernen sich im Rahmen einer umfassenden Bewegung des Ganzen. Man könnte sagen, der Kuchen dehnt sich aus.

*Liegt darin die Parallele zu den Galaxien?*
Ja, genauso ist es mit all den Galaxien des Himmels: Das Universum dehnt sich aus. Das heißt ganz einfach, dass es eine allgemeine Bewegung gibt, durch die sich die Galaxien in einem bestimmten Verhältnis voneinander entfernen. Das bedeutet, dass sie in der Vergangenheit dichter beieinander lagen und dass sie in Zukunft immer weiter auseinanderdriften werden.

*Heißt das, dass das Universum immer größer wird?*
Man darf Vergleichen nie ganz trauen. Sie stoßen schnell an ihre Grenzen. Was seine Bewegungen angeht, ähnelt das Universum einem Kuchen, in seiner Form jedoch unterscheidet es sich. Der Kuchen hat ein Zentrum und einen Rand. Er dehnt sich im leeren Raum des Ofens aus. Unser Universum hat weder ein Zentrum noch einen Rand. Nach allem, was wir derzeit wissen, gibt es auch keinen leeren Raum rundherum. Überall im Universum sind Galaxien. Und sie alle entfernen sich voneinander.

*Ich kann mir das nicht vorstellen.*
Das muss dich nicht wundern. Wenn wir uns Dimensionen nähern, die von unserer alltäglichen Wahrnehmung so sehr abweichen, dann wird es für unsere Vorstellungskraft schwierig. Die biologische Entwicklung hat uns an bescheidenere Größenverhältnisse gewöhnt. Hier verlieren wir unsere Orientierungspunkte. Das ist der Preis, den man zahlen muss, wenn man versucht, das Universum zu erforschen! Aber den Astronomen, die an diesen Fragen arbeiten, gelingt es, ihre Vorstellung an diese unermesslichen Räume zu gewöhnen.
Alles, was du dir merken solltest, ist, dass es überall im Universum Galaxien gibt und dass die Entfernungen, die sie trennen, kontinuierlich wachsen. Das ist gemeint, wenn man sagt: «Das Universum dehnt sich aus.» Genau das heißt es! Verweilen wir bei dieser Entdeckung. Sie gibt uns eine grundlegende Information über unsere Welt: Sie verändert sich im Laufe der Zeit. Sie war in der Vergangenheit anders, und sie wird sich auch in Zukunft verändern.

*Was glaubte man vor dieser Entdeckung?*
Man gab sich in der Regel mit dem Bild des Universums zufrieden, das Aristoteles vor zweitausend Jahren entworfen hatte. Dieser griechische Philosoph war der Meinung, dass das Universum schon

immer existiert hat und auch immer existieren
würde. Ohne Veränderung. Für ihn ist das Universum statisch, auf ewig in sich selbst festgefügt.
Natürlich gibt es Dinge, die sich verändern, wie
Aristoteles einräumte: Holz vermodert, Metall
rostet, Gebirge erodieren, und Täler werden
flacher. Aber dies seien nur Ereignisse, die wir mit
unseren bescheidenen Maßstäben messen können,
wie er hinzufügte. In gewisser Weise kleine Begebenheiten. Ganz oben, auf der Ebene des Himmels und der Sterne, so versicherte er, verändert
sich niemals etwas.

*Wie kam er darauf?*
Aristoteles kannte die Forschungen der babylonischen Astronomen vor seiner Zeit (diese notierten
sorgfältig alles, was sich am Himmel seit langer
Zeit abspielte). Die Sternbilder tauchten regelmäßig zu ihren Jahreszeiten auf. Nichts schien dem
Eindruck eines unveränderlichen Universums zu
widersprechen. Diese Beobachtungen bestärkten
Aristoteles darin, von der Ewigkeit des Kosmos
auszugehen. Kein Anfang. Kein Ende.

*Aber wenn ich mich richtig erinnere, dann hatten
die Astronomen zu dieser Zeit keine Teleskope.*
Ja, das ist es, was den Unterschied ausmacht. Die
bescheidenen Handwerker, die in Holland im
16. Jahrhundert die ersten optischen Instrumente

herstellten, hätten sich die Auswirkungen, die ihre Geräte auf das ganze menschliche Denken haben würden, niemals träumen lassen. So erging es auch Galilei, der 1610 mit seinem Fernrohr die Satelliten des Jupiter entdeckte, die bewiesen, dass die Erde nicht der Mittelpunkt des Universums ist. Die Messungen Hubbles genügten, um zu zeigen, dass das Universum tiefgreifenden Veränderungen unterworfen ist. Es war in der Vergangenheit dichter und wird in Zukunft weniger dicht sein als jetzt.

*Soll das heißen, dass es in einer längst vergangenen Zeit viel kleiner war? Klein wie ein Punkt?*
Nein, nicht unbedingt. Es könnte trotzdem groß gewesen sein. Vielleicht sogar unendlich. Es ist nicht leicht, sich das vorzustellen. Wir werden später darauf zurückkommen.

# Eine Geschichte des Universums

*Du hast mir erklärt, was die «Ausdehnung des Universums» bedeutet. Und du hast betont, dass sich das Universum ständig verändert. Inwiefern betrifft mich das? Warum sollte gerade mich das Auseinanderrücken der Galaxien — die ich mit bloßem Auge noch nicht einmal sehen kann — interessieren?*

Wir haben noch einiges vor uns, bevor ich dir das korrekt beantworten kann. Ein Universum, wie Aristoteles es vor Augen hatte, in dem sich seit Ewigkeiten nie etwas verändert hätte und das für immer so bliebe, wäre ein Universum ohne Geschichte. Die Entdeckung der Galaxienbewegung – deren mit der Zeit wachsende Entfernung voneinander – lässt uns davon ausgehen, dass das Universum eine Geschichte hat. Wir können also unserem Fragenkatalog ein neues Kapitel hinzufügen: Wir werden versuchen, diese Geschichte zu rekonstruieren. Was ist das, eine Geschichte? Sie ist die Erzählung einer Folge von Ereignissen, die in der Vergangenheit stattgefunden haben. Das

setzt voraus, dass zu bestimmten Zeitpunkten
etwas geschah, so wie etwa die Französische Revolution für die Geschichte Frankreichs oder die
Schlacht auf der Abraham-Ebene für Québec
bedeutsam war. Solche Episoden ziehen vieles
nach sich. Ohne die Vergangenheit zu kennen,
kann man die Gegenwart nicht verstehen.

*Sind Astrophysiker also mit Historikern
vergleichbar?*
Um die Situation anschaulich zu machen, werden
wir die Aufgabe der Astrophysiker eher mit der
Arbeit der Prähistoriker vergleichen, die die Anfänge der Menschheit erforschen. Sie untersuchen
die Lebensweise unserer Vorfahren. Wo wohnten
sie? Wie gelang es ihnen, sich zu ernähren und zu
wärmen? Um Antworten auf diese Fragen zu
finden, machen die Wissenschaftler das, was man
«Ausgrabungen» nennt. Diese nehmen sie an den
Orten vor, an denen sich Spuren früherer Zivilisationen finden. Sie sammeln Asche von Feuerstellen, primitive Werkzeuge aus behauenem Feuerstein, Schnitzereien aus Rentiergeweihen. All das
ermöglicht es uns, mit ein wenig Vorstellungskraft
die Lebensgewohnheiten unserer Urahnen auf
überzeugende Weise nachzuzeichnen.

*Ja, ich erinnere mich, dass du uns letzten Sommer mitgenommen hast, um die Höhle von Tautavel bei Perpignan zu besuchen. Im Museum haben wir Nachbildungen gesehen, die das Leben unserer Vorfahren vor Hunderttausenden von Jahren zeigten.*

Man weiß vieles über die menschliche Lebensweise seit der Epoche von Tautavel. Aber je weiter man zeitlich zurückgeht, desto bruchstückartiger werden unsere Informationen. Man entdeckt immer wieder neue Siedlungen und mehr oder weniger gut erhaltene Schädel. Und trotzdem bleiben noch viele Fragen unbeantwortet. Wenn man ein Kapitel der Vergangenheit beschreiben will, dann ist es wichtig, Fossilien zu haben, die aus der entsprechenden Epoche stammen. Sonst kann man nichts Glaubhaftes sagen. Auf diesem Punkt beharre ich. Er wird uns nützlich sein für unsere Geschichte des Kosmos. Das gilt für die Frühgeschichte der Menschheit ebenso wie für die des Universums.

*Was könnten das in der Astronomie für Fossilien sein? Es gibt am Himmel keine Rentiergeweihe!*

Natürlich handelt es sich hier nicht mehr um Pfeilspitzen oder bemalte Höhlen. Es sind hingegen Strahlen, die zu bestimmten Perioden im Leben des Universums ausgesandt wurden. Oder auch verschiedene Atome, die durch bestimmte kosmische Ereignisse entstanden sind. Das alles hat Spuren hinterlassen, die man noch heute erkennen kann.

*Ich nehme an, dass diese Relikte der Vergangenheit, wie die Fossilien der Prähistoriker, eine Art «Beweismittel» für die Glaubwürdigkeit der Geschichte sind.*

Das hast du richtig verstanden. Aber bevor wir dem nachgehen, muss ich von den Forschungen eines gewissen Albert Einstein erzählen.

*Der, der auf einem seiner Fotos die Zunge herausstreckt?*

Ja, genau der. Er hat eine wichtige Rolle für die ganze Physik gespielt. Speziell für die Astronomie hat er etwas sehr Bedeutendes herausgefunden. Mit Hilfe seiner Relativitätstheorie (die er 1917 formulierte) kann man zeigen, dass sich das Universum nicht nur ausdehnt, sondern auch abkühlt.

*Wie ein gigantischer Kühlschrank?*

In der Tat ist es das, was sich im Motor eines Kühlschrankes abspielt. Wenn man ein Gas komprimiert, dann erwärmt es sich; wenn es sich ausdehnt, dann kühlt es ab. Man könnte sagen, dass sich das Universum wie eine riesengroße Menge Gas verhält, dessen Teilchen die Galaxien sind. Die Beobachtungen Hubbles zeigen, dass sich dieses Gas ausdehnt, also verliert es an Temperatur. Und das ist ein zweites Element unserer Geschichte. Erstens: Unser Universum dehnt sich aus. Zweitens: Es kühlt sich ab.

*Überall? Wird das ganze Universum kälter?*
Ja, überall zugleich und im gesamten Weltraum. Und jetzt stelle ich dir eine andere Persönlichkeit vor, die für unsere Geschichte von Bedeutung ist: den belgischen Geistlichen Georges Lemaître. Um 1930 kam er auf die Idee, die Beobachtungen Hubbles und die Theorien Einsteins zusammenzuführen. (Vor ihm hatte schon der russische Astrophysiker Alexander Friedmann die Ausdehnung des Universums mit den Forschungen Einsteins in Verbindung gebracht.) Er hat auf diese Weise ein Szenario von der Vergangenheit des Universums entworfen. Ausgehend von dem, was er das «Uratom» nannte, ein extrem heißes Atom von großer innerer Dichte, kühlt sich das Universum immer weiter ab und driftet mehr und mehr auseinander. Das ist die erste Version dessen, was später die Theorie des Big Bang werden wird. Seinerzeit hatte dieses Szenario in der Welt der Wissenschaft so gut wie keinen Erfolg. Nur wenige Forscher waren bereit, es zu akzeptieren. Als ich in den Vereinigten Staaten Student war, sprach man im Bereich der Physik kaum davon. Es galt eher als peinlich.

*Warum?*
Dieses Bild einer Ursprungsexplosion wirkte wenig angemessen und auch nicht besonders seriös. Viele Wissenschaftler waren davon überzeugt, dass das Universum keine Geschichte habe. Das alles hat sich dank eines russischen Astrophysikers namens George Gamow, der zu meinem Glück mein Professor wurde, geändert. Er war eine Art drolliger Riese, der es liebte, während der Kurse Witze zu erzählen. Er hatte keine Angst vor Lemaîtres Modell. Die Vorstellung, dass der Kosmos eine Geschichte hat, brachte ihn nicht in Verlegenheit. Sehr entschieden befand er: «Es fehlen nur noch die Mittel, um das wissenschaftlich zu testen und Beweise zu erbringen».

*Also immer noch die berühmten Fossilien, die man finden musste!*
Ja, genau das war der Punkt! Aber wo sollte man sie suchen? Er kam auf die geniale Idee, sich eine altbekannte Eigenschaft der Materie zu Nutze zu machen. Je heißer eine Substanz ist, desto mehr Licht gibt sie ab. In der Werkstatt eines Schmiedes glüht das geschmolzene Eisen in der Dunkelheit. Am Anfang ist es rot. Wenn man die Temperatur erhöht, wird es zunächst gelb, dann blau. Es gibt die Farbtöne des Regenbogens wieder und leuchtet immer stärker.

*Gilt das für alle Substanzen?*
Ja, für alle, ohne Ausnahme. Sogar für Erdbeermarmelade, wenn man sie stark genug erhitzt. Umgekehrt wechselt auch ein Stoff, der abkühlt, die Farbe und leuchtet immer schwächer. Er wird trübe.
Nehmen wir an, sagte Gamow, dass dieses Ereignis des Urknalls wirklich so stattgefunden hätte, wie Lemaître das beschreibt. Nehmen wir es ernst, um es zu prüfen. Das bedeutet, dass das Universum in der Vergangenheit heller geleuchtet hat. Je weiter man also zeitlich zurückgeht, desto heißer und strahlender muss die kosmische Materie gewesen sein. Wenn man früh genug ansetzt, muss man zu einem Zeitpunkt gelangen, zu dem die Lichtmenge außerordentlich hoch ist, ein einziger blendender «Blitz». Das ganze Universum ist erleuchtet.

*Aber was ist aus diesem Lichtblitz geworden?*
Das ist die Frage, die sich Gamow 1948 stellte. Ist dieses Licht komplett verschwunden, während der Kosmos abkühlte? Oder existiert noch eine Spur, der wir heute nachgehen könnten? Eine Art von Fossil aus dieser leuchtenden Ära? Das würde uns bestätigen, dass dieses Szenario die Anfänge des Universums korrekt beschreibt.

*Wenn ich dir richtig folge, dann würde es also die Theorie des Big Bang bestätigen, wenn man diese Strahlen aufspüren könnte. Ist das gelungen?*
Gamow hat einige Berechnungen angestellt. Er ist zu dem Schluss gekommen, dass ein solches Relikt noch heute in Form einer für unsere Augen unsichtbar gewordenen Strahlung existieren müsste, als Radiowellen, die mit einem Radioteleskop beobachtet werden können. Man hat es 1965, fast zwanzig Jahre nach Gamows Voraussage, durch Zufall entdeckt. Das war ein großer Moment für die Wissenschaft und in der Tat für das menschliche Denken überhaupt. Man hielt also nun einen Beweis für die Urknalltheorie in Händen. Sozusagen die Tatsache, dass das Universum eine Geschichte hat und dass jene Geschichte die eines Abkühlungsprozesses, ausgehend von sehr hohen Temperaturen, von hoher Dichte und großen Lichtmengen, ist.
Man kann aus dieser Geschichte eine Lehre ziehen, nämlich, dass eine unpopuläre Idee richtig sein kann.

*Andersherum kann dann eine populäre Idee vermutlich auch falsch sein?*
Ganz genau. Das Universum ist, wie es ist. Es schert sich nicht um unsere Meinung. Die wissenschaftliche Gemeinschaft hat angemessen reagiert. Mittlerweile hat die große Mehrheit der Astro-

physiker die Theorie des Big Bang akzeptiert. Sie nehmen sie ernst und machen von ihr Gebrauch, um sich ein Bild von den Anfängen des Kosmos zu machen.

*Sie betrachten sie als die Wahrheit.*
Damit musst du vorsichtig sein. Die Wissenschaft sagt nicht: «So ist es!» Sie sagt: «Wahrscheinlich ist es so», oder noch besser: «Die Sache hat vermutlich einen wahren Kern.» Trotzdem gibt es noch vieles, das im Dunkeln liegt, ungelöste Probleme, Schwierigkeiten, die zu klären sind. Im Moment ist die Theorie des Big Bang im Großen und Ganzen die beste Schilderung der Vergangenheit des Kosmos, die wir haben.

*Existieren noch andere «Fossilien» des ursprünglichen Universums?*
Es gibt sogar mehrere. Ich verrate dir eines: Die «Asche» des Urknalls ist immer noch bei uns. Das sind die Wasserstoff- und Heliumatome.

*Was erzählen uns diese Atome?*
Sie nehmen uns mit in eine Zeit, in der das Universum eine Minute alt war. Seine Temperatur betrug damals eine Milliarde Grad. Wie heute in der Sonne fanden im ganzen Weltraum nukleare Reaktionen statt. Sie haben einen Teil des zu Beginn vorhandenen Wasserstoffs in Helium ver-

wandelt *(siehe Seite 25)*. Die Urknalltheorie besagt, dass nur 10 % Wasserstoff zu Helium geworden ist, während der Rest intakt blieb. Diese Wasserstoff- und Heliumatome findet man heute in den Sternen und Nebeln wieder. Die Mengen, in denen sie jeweils vorkommen, stimmen mit der Theorie genau überein. Diese Restatome des Urknalls sind Fossilien aus der Vergangenheit, genauso wie die fossile Strahlung. Sie sind die Relikte der großen ursprünglichen Gluthitze. Diese Übereinstimmung unserer Beobachtungen mit dem, was die Theorie des Big Bang besagt, ist ein guter Grund, diese ernst zu nehmen. Selbst wenn, wie ich noch einmal betonen möchte, die Rekonstruktion der Vergangenheit uns unverändert noch große Probleme bereitet. Es fehlt noch an zahlreichen Beobachtungen und Theorien. Vorsicht ist immer angebracht. Sie muss jeden Wissenschaftler begleiten.

# Wie alt ist das Universum?

*Du hast mir erklärt, wie man das Alter der Sonne berechnet. Kann man so auch herausfinden, wie alt das Universum ist?*

Dazu gibt es mehrere Vorgehensweisen. Eine erste Methode beruht auf den Messungen Hubbles, die uns gezeigt haben, dass sich das Universum ausdehnt. Mit unseren Computern können wir eine digitale Simulation des Universums erstellen. Eine Art von Szenario, anhand dessen man seine Veränderung im Laufe der Ausdehnung verfolgen kann. Dann lässt man den Film rückwärts laufen: Die Galaxien nähern sich Stück für Stück einander an. Man fährt damit fort, bis zu dem Moment, in dem sie direkt nebeneinander liegen. Der Zähler zeigt dann 13,7 Milliarden Jahre an. Diese Zahl bezeichnet man als das Alter des Universums.
Eine zweite Methode basiert auf der Idee, dass das Universum, aller Logik nach, älter als seine ältesten Bewohner sein muss. Sonst stimmt etwas nicht, und wir müssen unsere Simulation noch einmal überprüfen. Nehmen wir zuerst einmal die

Sterne. In vielen Fällen können wir ihr Alter schätzen. Zum Beispiel sind die drei Könige im Sternbild Orion etwa zehn Millionen Jahre alt. Die schönen blauen Sterne der Plejaden, die im Winter nahe der Milchstraße zu sehen sind (du solltest nicht versäumen, sie dann mit einem Fernglas zu betrachten), sind etwa achtzig Millionen Jahre alt. Das Alter unserer Sonne beträgt 4,5 Milliarden Jahre. Ein Kugelsternhaufen (eine große Ansammlung von Sternen), der sich im Sternbild des Herkules befindet, ist dreizehn Milliarden Jahre alt. Man konnte auf diese Weise eine große Anzahl von Sternen datieren. Nun hat man aber nie auch nur einen einzigen gefunden, der älter als vierzehn Milliarden Jahre ist.

Eine dritte Methode ist folgende: Man macht von radioaktiven Atomen wie dem Uran und dem Thorium Gebrauch. Es gibt davon eine große Anzahl mit verschiedenen Halbwertszeiten. In Kapitel 5 *(siehe Seite 29)* dienten sie uns dazu, das Alter der Sonne zu bestimmen. Man kann auch herausfinden, wie alt diese Atome selber sind, besser gesagt, wie viel Zeit seit ihrer Entstehung in den Sternen vergangen ist. Hier sind die Messungen weniger präzise, aber sie stimmen im Wesentlichen mit den vorausgegangenen Schätzungen überein. Man hat niemals Atome gefunden, die jene Altersgrenze von vierzehn Milliarden Jahren deutlich überschreiten.

Wir haben hier also drei Messwerte, die durch drei verschiedene Methoden ermittelt werden konnten. Was die Galaxien und die Sterne anbetrifft, so liefern die Teleskope der astronomischen Sternwarten die Ergebnisse. Für die Atome setzt man die Radioaktivitätsmesser in den Laboratorien für Nuklearphysik ein. Dabei erhält man ähnliche Ergebnisse. Diese Übereinstimmung ist aufschlussreich. Wenn es im Universum ältere Sterne oder Atome gäbe, dann könnte man sie aufspüren. Bisher hat man solche aber nicht gefunden... Das macht die Theorie des Big Bang glaubhaft.

> *Eines verstehe ich daran nicht. Ich werde versuchen, es dir zu erklären. Als ich vor vierzehn Jahren geboren wurde, kam ich in eine Welt, die schon existierte. Da waren meine Eltern... Als die Sonne entstand, gab es bereits die Sterne, wie du mir gesagt hast. Aber was war vor dem Urknall?*

Um dir zu antworten, werde ich auf die Rolle der Fossilien in der historischen Forschung zurückkommen. Wir können nur wahrheitsgemäß von einer Zeit in der Vergangenheit sprechen, wenn wir Fossilien haben, um unsere Behauptungen zu stützen. Ohne sie können wir nichts sagen. Das ist ein grundlegendes, in allen Bereichen gültiges Prinzip.

Das, was man das «Alter des Universums» nennt, das ist einfach der Zeitpunkt, vor dem wir keine

Fossilien mehr gefunden haben. Mehrere Wissenschaftler haben Theorien darüber entwickelt, was vor dem Urknall war. Aber sie haben keine Beweise dafür erbracht. Das alles bleibt pure Spekulation. Vielleicht werden uns in Zukunft neue Beobachtungen erlauben, weiter in die Vergangenheit zurückzublicken.

Das bedeutet nicht, dass vor jenen 13,7 Milliarden Jahren nichts geschah, nur dass wir darüber nichts wissen. Diese Unterscheidung ist wichtig. Ich möchte sagen, dass der Urknall den Horizont unseres Wissens um die Vergangenheit darstellt. Er ist kein Anfang, er ist ein Horizont. Einer, den die Grenzen unserer Beobachtungen und unserer physikalischen Theorien uns vorschreiben.

> *Ich habe noch eine andere Frage. Oft spricht man vom Urknall als einer riesigen Explosion, die glühende Stoffe weit um sich schleudert. Wo findet diese Explosion statt? Ist dort, am Ort dieser Explosion, nicht das Zentrum des Universums? Aber du hast mir gesagt, dass das Universum kein Zentrum hat. Ich verstehe das alles nicht mehr.*

Hier musst du wieder einmal vorsichtig sein mit Vergleichen. Das Bild der Explosion ist nur unter vielen Vorbehalten anzuwenden. Es setzt die Existenz zweier unterschiedlicher Räume voraus. Einen ersten Raum voll von explosiven Materialien wie zum Beispiel Dynamit, wo die Detonation

Sind wir allein im Universum?

Sieh mal, am Sternenhimmel dieses Licht, das blinkt. Das ist ein Linienflugzeug, das Passagiere transportiert. Versuchen wir uns vorzustellen, was darin passiert. Es ist Zeit für eine Mahlzeit. Eine Stewardess schiebt einen Wagen in den Mittelgang. Sie verteilt das Essen an die Reisenden, die ihr Besteck auspacken. Das alles können wir uns vor Augen führen, während wir einfach diesen leuchtenden Punkt verfolgen. Er ist trotzdem sehr weit weg. Wenn wir ihn an unserem Himmel betrachten, dann scheint er gerade das Sternbild des Großen Bären zu verlassen und in das Haar der Berenike einzutreten. Lassen wir unsere Vorstellung erneut spielen, aber diesmal suchen wir uns nicht ein Flugzeug, sondern einen Stern aus. Zum Beispiel den Polarstern: ganz im Norden, seinem Platz am Himmel immer treu. Von hier aus gesehen ist er, wie das Flugzeug, nur ein leuchtender Punkt. Man weiß überhaupt nicht, was sich auf ihm abspielt. Diesmal musst du all deine Vorstellungskraft aufbieten! Man kann annehmen, dass er, wie unsere Sonne, von Planeten umkreist wird. Nähern wir uns einmal an. Stellen wir uns einen Ort vor, wo ein Großvater seiner Enkelin einen Stern am Himmel zeigt, während sich beide auf Liegestühlen ausstrecken. Zufällig beobachten sie in diesem Moment unsere Sonne. Aus so weiter Ferne betrachtet, ein ganz kleiner heller Punkt. Der Großvater sagt: «Stell dir nah bei diesem Stern einen Planeten vor, den man Erde nennt, auf dem ein Großvater seiner Enkelin den Himmel zeigt.»

*Ich sehe den Polarstern an und möchte mir das alles vorstellen. Das ist wie ein Spiel. Glaubst du, dass das wirklich so sein könnte?*

Das ist natürlich die Frage, die sich uns stellt. Gibt es im Himmel Menschen, die vielleicht anders sind als wir, aber die wie wir die Sterne betrachten? Oder ist unser Planet der einzige im Kosmos, auf dem es Leben gibt?

*Was meinst du dazu Großpapa?*

Ich weiß es einfach nicht! Das ist eine Frage, die sich die Menschen seit langer Zeit stellen. Aber bis zum heutigen Tag haben wir keinen Beweis dafür, dass außerhalb unserer Erde Lebewesen existieren! Aber Achtung: Das heißt nicht, dass es anderswo kein Leben gibt. Das bedeutet nur, dass wir uns unsere Unwissenheit eingestehen müssen. Denn wie lautet das Sprichwort: «Die Abwesenheit von Beweisen ist nicht der Beweis für die Abwesenheit.» Man weiß es ganz einfach nicht. Es kann sein, dass es inmitten dieser Milliarden von Sternen Lebewesen gibt. Es kann aber auch sein, dass sie nirgendwo anders als auf der Erde vorkommen.

*Wie könnte man das in Erfahrung bringen?*
Zunächst muss man definieren, von welcher Art Leben wir sprechen. Ameisen etwa machen es sich nicht auf Liegestühlen bequem, um sich zu fragen, ob sie allein im Universum sind.

*Und trotzdem sind sie Lebewesen!*
Was bezeichnet man als Leben? Hier auf der Erde kennen wir unzählige Formen, von Bakterien bis hin zu riesigen Bäumen, über Katzen, Kängurus etc. Was haben all diese Wesen gemeinsam? Sie werden geboren, leben und sterben. Sie nehmen Nahrung zu sich. Sie pflanzen sich fort und tun darüber hinaus viele andere Dinge.
Um unsere Diskussion heute Abend fortzusetzen, werden wir zuerst eine sehr spezielle Frage behandeln. Nämlich ob es Lebewesen gibt, die wie wir Fernseher zur Verfügung haben und jeden Abend Nachrichten schauen.
Wir Erdenbewohner senden seit etwas mehr als einem Jahrhundert Radiowellen aus. Von unseren

Antennen aus verbreiten sich diese Wellen mit Lichtgeschwindigkeit im All. In einem Jahrhundert haben sie sich also bis zu einer Distanz von einem Lichtjahrhundert entfernt, was einer Million von Milliarden von Kilometern entspricht. In diesem gigantischen Raum, den unsere Radiowellen bereits durchdrungen haben, gibt es Tausende von Sternen. Zahlreiche unter ihnen haben Planetensysteme um sich. Wenn sich auf diesen Planeten Antennen befänden, dann könnten sie unsere Programme empfangen.

*Aber ich sehe sie, bevor sie an deren Standort ankommen.*

Stell dir vor, wie die Zuschauer auf einem Planeten, der dreißig Lichtjahre entfernt ist, gerade ungeduldig auf die letzte Folge von *Dallas* warten, einer amerikanischen Unterhaltungsserie, die vor dreißig Jahren ausgestrahlt wurde…

*Aber wenn sie unsere Programme empfangen können, dann könnten wir auch ihre Sendungen hören!*

Auf der Erde sind Radioastronomen seit über fünfzig Jahren an der Sache dran. Mit leistungsstarken Radioteleskopen, ganz besonders das von Puerto Rico (ein Instrument von mehr als hundert Metern Durchmesser), versuchen sie Nachrichten von extraterrestrischen Zivilisationen aufzufangen.

*Aber könnten sie deren Sprache verstehen?*
Nein, natürlich nicht. Trotzdem wäre es ziemlich einfach, eine bestimmte Strukturierung von Tönen herauszufiltern. Man könnte leicht unterscheiden zwischen gesprochener Sprache und einfachen unzusammenhängenden Lauten, von Geräuschen, wie sie aus einem schlecht eingestellten Radio kommen.

*Hat man schon einmal irgendetwas empfangen?*
Um 1967 gab es einen sehr aufregenden Moment. Vollkommen regelmäßige *bip... bip... bip...* erreichten uns aus einer Himmelsrichtung. Man konnte sie unmöglich mit sonoren Nebengeräuschen verwechseln.

*Was war das denn?*
Um zu hören, wie die Nachricht weiter lautete, drängten sich die Zuhörer um die Antennen. Aber die Folge setzte sich unablässig fort, immer nur *bip... bip... bip...*

*Vielleicht handelte es sich um jemanden, der Schluckauf hatte?*
Tatsächlich handelte es sich um Wellen, die von einem Stern ausgesandt wurden, der in schneller Rotation um sich selbst kreiste. Sein dünner Lichtstrahl streift in regelmäßigen Abständen die Erde. Wie ein Leuchtturm am Ufer des Meeres. So

interessant diese Entdeckung auch war, sie trug nichts zur Suche nach intelligentem Leben bei. Es handelte sich um Sterne, die man «Pulsare» nennt und die sich übrigens sehr häufig am Himmel finden. Eine Enttäuschung also!

*Und sonst gab es nichts?*
Nein. Seitdem sind wir nicht weitergekommen. Keine strukturierte Nachricht hat uns erreicht, die auf die Präsenz anderer Lebewesen schließen lassen würde.

*Vielleicht haben sie andere Wellen als wir?*
*Technische Erfindungen, die wir nicht kennen.*
*Wer weiß?*
Ja. Man hat auch versucht, andere Möglichkeiten zu finden und anzuwenden. Umsonst. Viele Abhörprogramme hat man wieder aufgegeben, weil sie keine Ergebnisse lieferten. Dennoch sind einige Gruppen von Amateurastronomen immer noch auf der Suche. Sie lassen das, was eingeht, per Computer von ehrenamtlichen Internauten analysieren und suchen so die sprichwörtliche Nadel im kosmischen Heuhaufen.

*Könnte man herausbekommen, ob es entfernte Planeten gibt, auf denen Lebewesen aufgetaucht sind, auch wenn dort niemand Radiowellen aussendet?*

Wir haben erst vor Kurzem etwas entdeckt, das für diese Nachforschungen von großer Bedeutung ist, nämlich, dass auch um Sterne, die außerhalb des Einflussbereichs der Sonne liegen, Planetensysteme existieren. Planeten, die man «extrasolar» nennt. Man kennt mittlerweile mehrere hundert. Man vermutete schon, dass es sie geben müsste. Aber jetzt hat man den Beweis.

*Sind unter diesen Planeten welche, die der Erde ähneln?*
Zurzeit entdeckt man vor allem sehr große Planeten, deren Dimensionen denen von Jupiter und Saturn gleichen. Ganz einfach deshalb, weil sie leichter aufzuspüren sind als solche, die so klein sind wie unsere Erde.

*Könnten diese Riesenplaneten nicht bewohnbar sein?*
Man glaubt das eher nicht. Jedenfalls nicht von den Lebensformen, wie wir sie hier kennen. Aber es ist immerhin möglich, dass unsere Vorstellung vom Leben zu begrenzt ist. Dass es irgendwo andere, uns unbekannte Existenzformen gibt. Als die Europäer vor drei Jahrhunderten in Australien an Land gingen, haben sie eine neue Pflanzen- und Tierwelt kennengelernt, anders als alles, was sie bisher kannten... Kängurus und Schnabeltiere etwa. Es ist wichtig, einen offenen Geist zu bewahren.

> *Woher weiß man, ob es extrasolare Planeten gibt,
> auf denen Lebewesen vorkommen, auch wenn dort
> niemand Radiowellen aussendet?*

Es gibt dafür ein mögliches Indiz. Es leitet sich von einer Beobachtung ab, die wir in unserem Sonnensystem gemacht haben: Unsere Erde ist der einzige Planet mit einer Sauerstoffatmosphäre.

> *Warum haben wir so etwas und alle anderen
> Planeten nicht?*

Genau das ist der Grund, warum es bei uns Leben gibt! Es hat sich bei uns vor etwas weniger als vier Milliarden Jahren entwickelt. Zu dieser Zeit bestand die Atmosphäre vor allem aus Kohlendioxid. Während über drei Milliarden von Jahren existierte Leben nur in Form von mikroskopischen Zellen wie den Blaualgen der ozeanischen Gewässer. Durch ihre Atmung haben diese Organismen unsere Atmosphäre nach und nach verändert. Dank dieses Phänomens bildete sich der Sauerstoff. Wenn das Leben von der Erde verschwinden würde, würde die Atmosphäre wieder aus Kohlendioxid bestehen, wie auf dem Mars oder der Venus.

*Wenn man also auf einem extrasolaren Planeten eine Sauerstoffatmosphäre fände, dann könnte man daraus schließen, dass auf ihm Lebewesen wohnen?*

Ohne dass man dadurch letzte Gewissheit hätte, wäre das zumindest ein sehr guter Hinweis.

*Warum sagst du, dass das keine Gewissheit brächte?*

Weißt du, in der Wissenschaft lernt man, vorsichtig zu sein. Es könnte vielleicht eine andere mögliche Erklärung für das Sauerstoffvorkommen auf diesen Planeten geben. Aber es wäre trotzdem eine großartige Entdeckung! Wir hätten zum ersten Mal gute Gründe zu glauben, dass außerhalb unserer Erde Leben existiert.

# Die Natur ist strukturiert wie eine Schrift

*Großpapa, du erzählst mir wirklich erstaunliche Dinge. Wie hat man all das herausgefunden? Und woher weiß ich, was wahr ist und was falsch?*
Du möchtest gerne wissen, ob man dem, was die Wissenschaftler erzählen, Glauben schenken kann? Was das angeht, werde ich dir zuerst sagen, wie die Wissenschaft entstanden ist und wie sie funktioniert.
Seit sehr langer Zeit beobachten die Menschen mehr oder weniger seltsame Phänomene in der Natur und stellen sich Fragen. Zum Beispiel: Was ist Donnergrollen? Manche behaupteten, es sei die Stimme einer zornigen Gottheit, und dass man sich auf die Knie werfen müsse, um diese zu beschwichtigen. Warum verschwindet die Sonne zum Zeitpunkt einer Sonnenfinsternis? Ist es wahr, dass ein Drache sie gefressen hat und man Opfer darbringen muss, damit sie wieder auftaucht? Ist Quellwasser so frisch, weil Nymphen seine Frische bewahren?
Solche Erklärungen stellten nicht jeden zufrieden.

Vor etwas weniger als dreitausend Jahren suchten die Menschen im antiken Griechenland nach überzeugenderen Antworten. Damals beschlossen sie, ihre Beobachtungen nicht länger mit imaginären Figuren zu erklären, sondern in der Natur selbst, und nur dort, die Antworten auf ihre Fragen zu suchen. Und sie kamen zu interessanten Ergebnissen: Eine Sonnenfinsternis entsteht, weil sich der Mond vor die Sonne schiebt; Donner ist nicht die Stimme einer Gottheit, sondern ein natürliches Phänomen, das zwischen den Wolken entsteht, und das man später als das Geräusch einer elektrischen Entladung erklärte. Daran gibt es nichts «Übernatürliches».

*Warum sind denn diese Antworten besser?*
*Warum sind sie glaubhafter als die vorigen?*
Sie sind es, wenn man überzeugende Beweise erbringen kann. Zweifel drängen sich immer auf. Aus welchen Gründen sollte ich dieses eher als jenes glauben? Diese Art und Weise, *in der Natur* Antworten auf die Fragen *über die Natur* zu suchen, bezeichnet man als wissenschaftliche Methode. Diese Methode hatte unglaublichen Erfolg. So bildeten sich im Laufe der Jahrhunderte die Physik, die Chemie, die Biologie und auch die Geologie und die Astrophysik heraus. Heute beschäftigen sich mehrere hunderttausend Personen auf der ganzen Welt mit diesen Wissenschaf-

ten. Dank ihrer Arbeit erforschen wir die Wunder der Natur jeden Tag ein Stück mehr. Die Erfinder dieser Methode verdienen es, dass man ihre Namen nennt, insbesondere: Anaximander, Anaxagoras und Thales. Diese weisen Männer lebten in einer kleinen Stadt in Griechenland namens Milet, die heute in der Türkei am Ufer des Ägäischen Meeres liegt. Wir haben ihnen viel zu verdanken.
Stellen wir uns vor, dass einer von ihnen aus der Vergangenheit zu uns zurückkehrt. Er fragt uns nach den Resultaten und dem Erfolg der von ihnen erfundenen Methode: «Was habt ihr herausgefunden, das wir zu unserer Zeit noch nicht wussten?» Wir wären versucht, ihn in eine große wissenschaftliche Bibliothek mitzunehmen, wo er in den Regalen Millionen von Büchern und Zeitschriften sehen und lesen könnte. Aber es wäre langweilig, so vorzugehen. Versuchen wir vielmehr, ihm in einigen Sätzen eine Zusammenfassung der neuen Erkenntnisse zu geben, die nach all dieser Arbeit gewonnen werden konnten.

*Was würdest du ihm antworten, Großvater?*
Ich würde eine Zusammenfassung in zwei Sätzen geben. Hier ist der erste: «Die Natur ist strukturiert wie eine Schrift.»

*Das musst du mir erklären...*
Schau her. Auf ein Blatt Papier schreibe ich den Buchstaben R. Und jetzt frage ich dich: «Was ist das?»

*Das ist der Buchstabe R.*
Sehr gut. Jetzt hänge ich ein O dran.

*Ja und wozu, Großpapa? Ich verstehe dich nicht. Worauf willst du hinaus?*
Warte! Und jetzt füge ich ein T hinzu.

*Ah! Jetzt begreife ich... Das ergibt «rot», die Farbe Rot!*
Genau. Ich musste diese Buchstaben aneinanderreihen, damit in deinem Kopf ein Bild entsteht: die Farbe Rot. Man nennt das eine «emergente Eigenschaft». Der Sinn des Wortes hat sich herausgebildet, als ich die Buchstaben in die richtige Reihenfolge gebracht habe. Die geschriebenen Wörter, die du in der Schule gelernt hast, sind Fügungen von Buchstaben in einer präzisen Reihenfolge. Jeder Fügung ist ein bestimmter Sinn zugeteilt. Wörterbücher sind dazu da, uns diesen Sinn zu erschließen. So ist es nicht nur in unserer Sprache, sondern in vielen anderen Sprachen der Erde. Und jetzt spielen wir das gleiche Spiel mit Worten. Ich schreibe die vier folgenden Worte an die

Tafel: «Die Mohnblumen sind rot.» Was bekomme ich dann?

*Einen Satz!*
Ja, einen Satz, der selbst einen Sinn hat: Er sagt uns, welche Farbe Mohnblumen haben. Jetzt kann man das gleiche Spiel wiederum mit den Sätzen machen. Das ergibt dann Absätze. Die Absätze verbindet man schließlich, um Kapitel zu erhalten, die Kapitel, um aus ihnen Bücher zu machen, die Bücher, um Bibliotheken zu füllen. Die Gesamtheit der Bibliotheken auf der ganzen Welt enthält all unser Wissen.

*Ja, das habe ich in der Schule gelernt. Aber was ist die Botschaft für unseren Besucher?*
Dazu kommen wir gleich. Wir haben gerade die «Stufenleiter des Alphabets» aufgebaut. Auf der untersten Stufe befinden sich die Buchstaben. Darüber kommen die Wörter, dann die Sätze, die Absätze, die Kapitel, die Bücher, die Bibliotheken. Wie du sehen kannst, werden die Elemente jeder Stufe gebildet, indem man die Elemente der darunter liegenden zusammenfügt, und sie sind selbst Teile der nächst höheren Stufe. Und immer wenn man eine solche Leiter erklimmt, dann begegnet man dem Prinzip der emergenten Eigenschaft.

*Weiß man, wer das erfunden hat?*
Diese Methode existiert seit ungefähr fünftausend Jahren. Sie hat ihren Ursprung im Mittleren Osten, in der Region des heutigen Irak und Iran. Am Anfang diente sie vor allem der Buchführung und zur Formulierung religiöser und rechtlicher Vorschriften. Später wurde sie nach Ägypten, Griechenland und ins Römische Reich importiert, dann nach ganz Europa und nach Amerika. Zur gleichen Zeit erreichte sie nach und nach den Osten Asiens. Heute hat sie sich in der ganzen Welt durchgesetzt. Alle Kinder lernen sie in der Schule und nutzen sie, um miteinander zu kommunizieren, sei es über das Papier der Bücher und Zeitschriften oder im Internet.

*Ich verstehe. Aber ich weiß noch nicht, worauf du mit deinem ersten Satz hinauswillst: «Die Natur ist strukturiert wie eine Schrift.»*
Dazu kommen wir jetzt.

Die Stufenleiter der Natur

*Also, Großpapa, wirst du mir jetzt erklären, was das heißen soll «Die Natur ist strukturiert wie eine Schrift»?*
Ich werde das anhand von Beispielen tun.
Beginnen wir mit einer Substanz, die uns vertraut und kostbar ist: unser Leitungswasser. Es besteht aus Molekülen, die sich aus einem Sauerstoffatom und zwei Wasserstoffatomen zusammensetzen. Wasser hat Eigenschaften, die seine Atome überhaupt nicht besitzen. Den Sauerstoff atmen wir mit der Luft ein. Aber mit dem Wasser verhält es sich ganz anders: Wir trinken es. Wasser ist vergleichbar mit einem Wort, das sich aus diesen Atomen wie aus Buchstaben zusammensetzt.
Da hast du ein gutes Beispiel für die Verwandtschaft von Natur und Schrift. Einfache Elemente verbinden sich zu neuen Substanzen mit emergenten Eigenschaften.
Ein anderes Beispiel ist der Stickstoff, der in unserer Atmosphäre enthalten ist und in flüssigem Zustand von Unternehmen zur künstlichen Küh-

lung eingesetzt wird. Bringen wir ein Stickstoffatom mit drei Wasserstoffatomen zusammen. Dann erhalten wir Ammoniak, eine eher unangenehm riechende Substanz (sie riecht nach Katzenurin), die aber sehr nützlich zur Desinfektion von Krankenzimmern ist.

Noch ein Beispiel: Verbinden wir zwei Kohlenstoffatome mit sechs Wasserstoffatomen und einem Sauerstoffatom. Dann erhalten wir den Alkohol, den wir trinken: Wein, Bier, Whisky oder Wodka. Schon der für seine Arche berühmte Patriarch Noah kam einst in den Genuss einer der emergenten Eigenschaften des Alkohols: die alkoholische Trunkenheit (Genesis 9,20–9,21)!

Und ich gebe dir ein letztes Beispiel. Unser Tafelsalz setzt sich aus zwei Atomen zusammen: aus Chlor und Natrium. Chlor ist eine korrodierende Substanz, die man unter anderem in flüssigen Bleichmitteln findet. Natrium ist ein Metall. Miteinander verbunden ergeben diese beiden das Tafelsalz (das Natriumchloridmolekül), das wir unserer Nahrung beifügen, um den Geschmack zu verbessern. All diese Entdeckungen verdanken wir Chemikern des 18. und 19. Jahrhunderts wie Lavoisier, Priestley und Dalton.

Wir werden nun eine Stufenleiter der Natur analog zur alphabetischen Leiter bilden.

*Ich nehme an, die Atome sind die Basis dieser Leiter, vergleichbar mit den Buchstaben der alphabetischen Leiter, und die Moleküle wären dann die Worte.*

Du bist auf der richtigen Spur. Diese Idee stammt von den griechischen und römischen Philosophen der Antike. Allen voran Demokrit und Lukrez. Sie stellten sich Atome wie kleine unzerstörbare Kügelchen vor. Daher ihr Name «Atom», was auf Griechisch «unzerschneidbar» bedeutet. Den beiden Philosophen nach, bildeten diese Atome in verschiedenen Verbindungen alle Substanzen, die in der Natur vorkommen. Zu Beginn des 20. Jahrhunderts haben Physiker den Teilchenbeschleuniger erfunden, eine Art von Skalpell, mit dessen Hilfe man die Atome erforschen konnte. Sie haben damit festgestellt, dass Atome keineswegs unzerstörbar, sondern vielmehr komplexe Objekte mit einer inneren Struktur sind. Im Innern haben sie einen festen Kern, der aus Protonen und Neutronen besteht. Um diesen herum kreisen Elektronen. Diese Entdeckung verdanken wir besonders Ernest Rutherford.

*Das erinnert mich an das Sonnensystem mit den Planeten, die um das Zentrum der Sonne kreisen.*

Tatsächlich gibt es hier eine gewisse Ähnlichkeit, aber auch große Unterschiede. Denk daran, mit Vergleichen muss man immer vorsichtig sein.

Diese Atome sind für die Natur eine Gelegenheit, wieder Alphabet zu spielen. Ihre Kerne sind Worte, deren Buchstaben die Protonen sind. Ein Kern, der sieben Protonen enthält, ist der Kern eines Stickstoffatoms. Sauerstoff hat acht Protonen, Eisen 26 und Blei 82. Jeder Protonenanzahl entspricht in der Natur ein Atom. Es gibt davon hunderte. Das leichteste Atom – der Wasserstoff – enthält nur ein Proton. Das zweitleichteste ist das Helium mit zwei Protonen. Das sind die ältesten unter den Atomen, die ersten, die sich im Universum, praktisch während des Urknalls, gebildet haben. Sie sind von der Glut der ersten Sekunden des Universums übrig geblieben. Die anderen Atome, Kohlenstoff, Sauerstoff, Eisen, Gold etc., bis zum schwersten, dem Uran, das 92 Protonen enthält, entstehen in den Sternen *(siehe Seite 26)*.

*Aber die Protonen selbst, sind die unzerstörbar?*
Ich habe mir schon gedacht, dass du das fragst. Ich werde dir antworten, indem ich dir eine Begebenheit aus meiner Studienzeit erzähle. In seinen Astrophysikkursen erklärte uns George Gamow, dass das Wort «Proton» vom griechischen «protos» abgeleitet wird, was «das Erste» bedeutet. Dann fuhr er fort: «Jetzt haben wir die unterste Stufe auf der Leiter der griechischen Philosophen erreicht. Die Atome sind teilbar, die Protonen

jedoch nicht. Sie sind ‹die Ersten›, fügte er hinzu, sie haben keine interne Struktur.» Als Antwort auf unsere Fragen sagte er: «Ja, ich verstehe eure Skepsis, denn es ist uns gelungen, Atome zu teilen, die als unteilbar galten. Aber diesmal ist es wirklich so: Ich bin bereit, die Hälfte meines Hab und Guts darauf zu verwetten. Nie wird man Protonen aufspalten.» Von diesem berühmten Kosmologen eingeschüchtert nahmen wir die Wette nicht an. Aber wir hätten es besser getan, denn Gamow gehörte einer sehr reichen Familie an...
Tatsächlich wurde einige Jahre später aufgrund raffinierter Experimente der Beweis erbracht, dass die Protonen (und auch die Neutronen) nicht aus einem Guss sind. Sie bestehen aus drei «Quarks». Vor allem Murray Gell-Mann verdanken wir es, dass 1970 diese untere Sprosse der Leiter entdeckt wurde.
Man unterscheidet in der Natur sechs Arten von Quarks. Die Physiker haben ihnen als Namen Buchstaben zugeteilt, mit denen zum Spaß ausgewählte Wörter anlauten! Es gibt das «u» (für *up*), das «d» (für *down*), das «s» (für *strange* oder seltsam), das «c» (für *charmed*, entzückt), das «t» (für *top* oder *truth*), das «b» (für *bottom*, Grund).
Ein Proton setzt sich aus zwei Quarks und einem Quark zusammen. Durch alle möglichen Kombinationen dieser Quarks, ob in Zweier- oder Dreiergruppen (vergleichbar mit Wörtern aus zwei

oder drei Buchstaben), entsteht eine große Anzahl verschiedener Teilchen, deren Existenz man mit Hilfe großer Beschleuniger nachweisen konnte. Fast alle diese Teilchen sind instabil. Sie spalten sich und verschwinden innerhalb von Milliardensteln von Sekunden! Neutronen sind ebenfalls instabil. Wenn sie nicht Teil eines Kerns sind, verschwinden sie in zwanzig Minuten. Protonen sind stabil.

*Du ahnst schon, was ich dir als nächstes für eine Frage stellen möchte: Ist ein Quark teilbar?*

Nach der Episode mit den vermeintlich «unteilbaren» Atomen und den Protonen, die angeblich «die Ersten» sein sollten, würde sich niemand heute mehr trauen, die Behauptung aufzustellen, dass wir endlich die unterste Sprosse der Stufenleiter erreicht haben, jene Sprosse, auf der sich die zu den Buchstaben analogen Teilchen befinden, die wir «Elementarteilchen» nennen. Um dieser Frage nachzugehen, brauchen wir noch leistungsfähigere Skalpelle. Kürzlich hat man in Genf einen großen, aus einer Röhre von siebenundzwanzig Kilometern Durchmesser bestehenden Beschleuniger hundert Meter tief in die Erde vergraben und in Betrieb genommen, um die Struktur der Materie weiter zu erforschen. Vielleicht erfahren wir durch ihn mehr über die Natur der Quarks? Im Augenblick können wir nichts sicher sagen, denn es mangelt uns an Beweisen in Form von qualifizierten Beobachtungen.

*Aber du hast mir noch nichts über Elektronen gesagt?*

Damit ist es das Gleiche wie mit den Quarks. Wir wissen darüber nichts. Um unsere Stufenleiter aufzubauen, werden wir vorläufig annehmen, dass Quarks und Elektronen Elementarteilchen sind. Dass sie ihren Platz auf der ersten Stufe haben. Fassen wir also zusammen. Wir haben uns mit drei Stufen beschäftigt. Die Quarks, auf der ersten, sind die «Buchstaben»; die Protonen und die Neutronen, auf der zweiten, fügen sich zu Atomkernen und sind die «Wörter»; und die Atome, auf der dritten Stufe – bestehend aus diesen Kernen und Elektronen –, bilden die «Sätze» beziehungsweise die Moleküle.

*Und was findet man auf den obersten Stufen? Ich nehme an Lebewesen, die aus Molekülen gemacht sind?*

Ja, wir kommen oben auf der Stufe der lebenden Zellen an. Von ihnen gibt es zahlreiche Variationen, die man unter einem einfachen Mikroskop sehen kann. In einem Wassertropfen aus einer Vase, in der lange Zeit Blumen standen, bewegen sich zum Beispiel unzählige kleine Organismen in alle Richtungen. Uns interessiert daran besonders, dass diese winzigen Zellen, den Biochemikern zufolge, Molekülverbindungen sind wie die Proteine und die DNA.

*Aber Großpapa, dann sind wir auf unserer Leiter gerade eine Sprosse höher geklettert?*
Du hast recht. Und nun werden wir noch eine weitere Stufe erklimmen, deren Elemente die Zellen selbst sind. Diese kleinen Organismen schließen sich zusammen, um zu Pflanzen und Tieren oder auch zu unseren Körpern zu werden. Eine Art Verbund, in dem jede Zelle ihre Fähigkeiten in den Dienst des Ganzen stellt. Wir verdanken diese Entdeckung dem deutschen Chemiker Theodor Schwann, der um 1860 schrieb, dass die Zelle die grundlegende Einheit des Tier- und Pflanzenreichs sei. Bestimmte Zellen nehmen Sonnenlicht auf, um Energie an den Organismus weiterzugeben. Andere dienen dazu, Nahrung zu verdauen. Und wieder andere sorgen dafür, dass Kinder geboren werden. Dein Körper setzt sich wie der von Tieren und Pflanzen aus Zellen zusammen. Die roten Blutkörperchen transportieren den Sauerstoff, den du einatmest, zu den Neuronen deines Gehirns und ermöglichen es dir so zu sprechen. Zellen in deinen Augen nehmen Licht auf und übermitteln deinem Gehirn Bilder. Dank der ineinandergreifenden Aktivitäten dieser Myriaden von Zellen – bist du am Leben!

*Großpapa, gibt es noch andere Stufen über denen, die du gerade beschrieben hast? Verbindungen von lebenden Organismen?*

Nehmen wir zum Beispiel den Fall eines Bienenkorbes. Jede Biene erfüllt darin ihre Aufgabe: Blütenpollen sammeln, Eindringlinge verjagen, die Temperatur kontrollieren. Hier sind die Bienen die grundlegenden Elemente, und der reibungslos funktionierende Bienenkorb ist das Resultat.

*Wie ein Ameisenhaufen oder ein Termitenbau.*

Ja, aber man kann auch an ein Orchester denken, das eine Mozartsymphonie mit vielen Musikern und unterschiedlichen Instrumenten spielt: mit Geigen, Bratschen, Violoncelli, Flöten, Oboen, Klarinetten, Fagotten etc. Im Konzert ist die Musik, an der du dich erfreust, die emergente Eigenschaft der gemeinsamen Leistung, die die Musiker unter der Leitung des Dirigenten erbringen.

Ein anderes Beispiel: die Erkundung des Mondes. Um die Raketen und Sonden vorzubereiten, um die Astronauten zu trainieren, haben Hunderttausende von Personen ihre Anstrengungen im Hinblick auf ein bestimmtes Ziel vereint: die Landung auf unserem Satelliten. Kein Mensch könnte ganz allein diese Leistung vollbringen. Auch das führt uns die emergenten Eigenschaften, die aus dem Zusammenschluss verschiedener Elemente resultieren, vor Augen.

Ich werde unsere Ergebnisse jetzt zusammenfassen, indem ich wieder deinen eigenen Körper, den du duschst, ins Schwimmbecken tauchst oder mit der Hand berührst, als Beispiel anführe. Analysiert man ihn, so besteht er im Grunde aus Quarks und Elektronen. Davon gibt es viele! Ungefähr hundert Milliarden von Milliarden von Milliarden (100 000 000 000 000 000 000 000 000 000). Eine Eins mit neunundzwanzig Nullen. Je nach Gewicht variiert das ein wenig, aber nicht wesentlich… Jetzt schließ deine Augen und sag dir: «Ich existiere.» Öffne die Augen und sage: «Die Welt um mich herum existiert.» Dabei wirst du dir einer fantastischen Spitzenleistung bewusst, die zu den herausragendsten Errungenschaften des Universums gehört. Damit du deine Existenz und die der Welt um dich herum wahrnehmen kannst, müssen hundert Milliarden von Milliarden von Milliarden von Quarks und Elektronen als Teil einer unerhört komplexen Struktur die ihnen bestimmten Aufgaben erfüllen. Wie in einem Uhrwerk, wo jedes Rädchen richtig funktionieren muss, sind deine Quarks und deine Elektronen an ihrem Platz, damit du agieren kannst: lesen, dich konzentrieren, schlafen, wenn es nötig ist. Darin besteht also der Sinn dieser ersten Botschaft an unseren außerirdischen Besucher. Das ist die

Bedeutung des Satzes «Die Natur ist strukturiert wie eine Schrift.» Er fasst auf einen Streich das zusammen, was uns die verschiedenen Wissenschaften beigebracht haben:

1. Die Physik: Quarks verbinden sich zu Protonen und Neutronen, diese wiederum zu Atomkernen, welche mit den Elektronen die Atome bilden;
2. Die Chemie: Atome schließen sich zu Molekülen zusammen;
3. Die Biochemie: Moleküle verbinden sich zu Zellen;
4. Die Biologie: Zellen bilden lebende Organismen.

Jede dieser Wissenschaften liefert ein Kapitel zur Organisation der Materie in unserem Universum. Die zweite Botschaft für unseren Gast aus Milet kommt nun aus der Astronomie. Sie lautet so: «Die Stufenleiter wird mit der Zeit komplexer.» Wir kommen dazu in unserer nächsten Plauderei.

## Pascal und das obere Ende der Leiter

*Du hast mir die Geschichte des Universums seit dem Big Bang erzählt. Du hast von Atomen, Molekülen etc. gesprochen. Jetzt musst du mir aber noch erklären, wie es dazu kam, dass Leben entstand. Das ist mein Lieblingsthema. Ich würde von dir gerne etwas über die Geschichte meiner Katze Coquecigrue hören. Zu welchem Zeitpunkt taucht sie in dieser Geschichte auf?*

Noch ein wenig Geduld! Wir sind bereits fünf Sprossen auf unserer Leiter emporgeklettert. Auf der sechsten Stufe begegnen wir den lebenden Zellen: den Blaualgen, den hübschen Kieselalgen und all diesen kleinen Tierchen, die wir im Wasser eines verwelkten Blumenstraußes finden. Wir würden gerne wissen, wann sie zum ersten Mal im Universum in Erscheinung traten.

*Mir scheint, dabei gibt es ein Problem, denn wenn ich dich richtig verstanden habe, dann wissen wir nicht, ob es anderswo als auf der Erde Leben gibt.*

Ja, du hast recht. Wir können diese Entwicklung nur auf unserem Planeten zurückverfolgen. Was den Rest des Kosmos angeht, so wissen wir nichts.

> *Dann sprechen wir also wieder von unserem Sonnensystem. Du hast mir erklärt, dass die Sonne und ihre Planeten vor 4,5 Milliarden Jahren entstanden sind. Ich schließe daraus, dass das Leben auf der Erde natürlich jünger sein muss. Was wissen wir darüber?*

Unseren geologischen Funden nach, war die Erde bei ihrer Geburt eine glühende, über tausend Grad Celsius heiße Lavakugel. Auf ihr war kein Leben möglich. Wasser kam nur in Form von Dampf vor. Unter diesen Bedingungen hätte kein Organismus überleben können.

> *Du sprichst natürlich über das Leben, so wie wir es kennen.*

Du hast recht. Wir wissen jedoch, dass sich die Erde einige hunderte von Millionen von Jahren später abkühlte. Das Wasser kondensierte, und in seiner Flüssigkeit tummelte sich eine Vielzahl kleiner Organismen.

> *Was geschah in der Zwischenzeit?*

Niemand weiß es wirklich. Als Louis Pasteur im 19. Jahrhundert bewies, dass das Leben, anders als man zuvor geglaubt hatte, nicht spontan aus unbelebter Materie entsteht, hat er uns ein großes Rätsel aufgegeben. Wenn sich die «spontane Genese» heute nicht mehr fortsetzt, wie soll sie dann am Anfang funktioniert haben? Wie hätten sich die im Wasser herumschwimmenden Moleküle zusammenfügen müssen, um einen Organismus zu bilden, der fähig ist, sich zu ernähren und fortzupflanzen? Das bleibt eines der größten Geheimnisse der heutigen Wissenschaft.

*Man hat überhaupt keine Idee?*
Man hat einige, aber es gibt bis heute kein wirklich zufriedenstellendes Szenario. Aber wie auch immer die Abfolge von Ereignissen, die zu diesem Resultat geführt haben, gewesen sein mag, wichtig für uns ist, dass Leben entstehen konnte, und wir sind dafür ein Beweis. Wir sind alle Nachkommen dieser kleinen Wesen, von denen es im ursprünglichen Ozean wimmelte. Wenn wir unsere Geschichte weiterverfolgen, dann tauchen vertraute Begriffe auf. Hier sind die grundlegenden Elemente die Moleküle, aus denen sich diese Organismen zusammensetzen, und die emergente Eigenschaft ist ganz einfach das Leben!

*Das Leben! Was für ein außergewöhnliches Ereignis! Weiß man, zu welchem Zeitpunkt es entstanden ist?*

Das geschah vor mehr als drei und vor weniger als vier Milliarden von Jahren. Aber selbst das ist noch unsicher. Die ältesten Spuren von Leben fand man in Australien und Grönland. Es handelt sich um mikroskopisch kleine Organismen, deren nach ihrem Tod angehäufte Skelette große Strukturen in Gestalt von Felsgesteinen bildeten. In der Geologie heißen sie Stromatolithen.

*Du hast mir gesagt, dass sie es sind, die durch ihre Atmung den Sauerstoff gebildet haben, den wir wiederum einatmen.*

Diese kleinen Strukturen haben sich vermehrt, bis sie die Stufenleiter des Planeten selbst veränderten. Unter Lichteinfluss waren sie in der Lage, Kohlendioxid in Sauerstoff umzuwandeln. Sie ermöglichten es den Lebewesen, sich effizienter zu entwickeln. Sie ebneten den Weg für eine beschleunigte Entwicklung. Ohne sie wären wir jetzt nicht hier. Aber es dauert noch fast drei Milliarden von Jahren, bevor wir bei der nächsten Stufe angelangen.

*So war es auf der Erde! Anderswo könnte es anders gelaufen sein.*

Vielleicht... Darüber wissen wir noch nichts! Seit etwas weniger als einer Milliarde von Jahren hat für das Leben auf der Erde ein neues Kapitel begonnen. Es treten Wesen in Erscheinung, in denen man den Zusammenschluss mehrerer

unterschiedlicher Zellen erkennen kann. Im Laufe
einer langen Entwicklung entstehen Fische, Amphibien (die aus dem Wasser kommen werden wie
die Frösche), Reptilien, Vögel, Säugetiere, darunter Affen, schließlich Menschenaffen und... wir.

*Und endlich auch meine geliebte Coquecigrue!*
Genauer gesagt, ihre Vorfahren, die Raubkatzen...
neben anderen Säugetieren.

*Jetzt sind also die Zellen die grundlegenden Einheiten?*
Es gibt von ihnen etwa zweihundert unterschiedliche Variationen, von denen jede ihre Spezialität
hat. Für uns Menschen spielen die Neuronen, die
die Zellen des Gehirns sind, eine extrem wichtige
Rolle. Sie ermöglichen es uns, zu denken und
Fragen zu stellen. Unsere Intelligenz ist eine
emergente Eigenschaft ihres Verbundes.

*Und wenn ich die Augen schließe und mir meine Existenz bewusst mache, wie du es vorgeschlagen hast?*
Diese außergewöhnliche Leistung ist verglichen
mit dem Alter des Universums erst seit sehr kurzer
Zeit möglich. Es handelt sich um einige Millionen
Jahre gegenüber vierzehn Milliarden Jahren.

*Warum hat das so lange gedauert?*
Es brauchte zuerst einmal viel Zeit, bis die Sterne, die die Atome bildeten, entstanden, lebten und starben. Dann mussten sich beständige Planeten formen, auf denen sich Wasser sammeln konnte. Und schließlich mussten im Laufe einer langsamen biologischen Entwicklung aus den Amöben denkende Wesen werden. Dieser ganze Prozess dauerte Milliarden von Jahren.

*Gibt es noch andere Stufen auf unsrer Leiter?*
Erinnere dich an den Fall des Bienenkorbes: Jede Biene trägt durch die ihr bestimmte Aufgabe dazu bei, dass ihre Umwelt gut funktioniert. Genauso ist es mit dem Symphonieorchester, von dem wir bereits gesprochen haben *(siehe Seite 87)*: Die verschiedenen Instrumente werden durch die Zeichen des Dirigenten aufeinander abgestimmt, um zu einem einzigartigen Ergebnis zu kommen, wie zum Beispiel die Neunte Symphonie von Beethoven.

*Deine zweite Botschaft an unseren Philosophen aus der Antike, «Die Stufenleiter wird mit der Zeit komplexer», lässt mich über eine Frage nachdenken. Wird es in der Zukunft weitere Etappen geben? Als wir die Stufenleiter emporkletterten, hast du Entstehungsdaten in der Vergangenheit genannt. Das letzte, das der Organismen, liegt weniger als eine Milliarde Jahre zurück. Das Datum von Tieren und Menschen ist noch jünger. Schwer zu glauben, dass die Geschichte schon am Ende angelangt ist.*

Ich mag es, wenn du diese Art von Fragen stellst. Ich würde noch diese hinzufügen: Konnten die ersten Zellen, die sich vor über drei Milliarden von Jahren durch den Zusammenschluss der Moleküle am Grund des Ozeans bildeten, ahnen (wenn man so sagen darf), dass sie sich schließlich vereint in lebendigen Organismen wiederfinden würden? Genauso ist die Gestaltung der Materie im Universum, ihre anwachsende Komplexität, seit vierzehn Milliarden Jahren im Gange, und niemand weiß, was die Zukunft für uns bereithält.

Um die beiden Botschaften, die wir für unseren Gast aus Milet haben, deutlicher hervorzuheben, werden wir noch einen Mann einladen, der viel über diese Fragen nachgedacht hat. Es ist Blaise Pascal, ein Philosoph des 17. Jahrhunderts. Du kennst seinen berühmten Satz: «Das ewige Schweigen dieser unendlichen Räume macht mich schaudern.»

*Ja, das habe ich in der Schule gelernt. Aber ich bin nicht sicher, ob ich wirklich verstehe, was der Satz meint.*

Pascal schreibt diesen Satz nur wenige Jahrzehnte nach den Entdeckungen des Galilei. Er weiß jetzt, dass die Erde nicht etwa das Zentrum des Universums ist, wie man das bis dahin glauben wollte, sondern ein kleiner Planet, verloren im riesigen Weltraum. Diese Entdeckung der unermesslichen Weite des Kosmos lässt ihn schwindeln. Er fühlt sich verloren angesichts dieser Dimensionen, die ihm ganz und gar fremd sind und seine eigene Existenz völlig unbedeutend erscheinen lassen.

*All das, was du mir über das Universum beigebracht hast, weiß er nicht. Was könnten wir ihm sagen, um ihn zu beruhigen?*

Wir würden zu Pascal sagen, wenn das Weltall nicht diese gigantischen Ausmaße und das uns heute bekannte hohe Alter hätte, dann hätte er diese Worte niemals schreiben können. Er wäre nie geboren worden, wenn das Universum so eng und nur sechstausend Jahre alt wäre, wie man aufgrund von biblischen Texten vermutete. Das ist unsere Botschaft an Blaise Pascal!

# Steinerne Tafeln

*Heute Abend habe ich eine wichtige Frage an dich.
Du hast mir die Geschichte des Universums erzählt.
Ich weiß jetzt, dass das ursprüngliche glühende
Magma abkühlte und sich dann langsam immer
komplexere Strukturen herausbilden konnten. Und
dass ich die Atome und Moleküle, aus denen mein
Körper besteht, in Wahrheit den Sternen zu
verdanken habe.*

Ja, wir leben in einem Universum, in dem wunderbare Dinge geschehen. Nicht allein das Leben entfaltete sich, sondern es brachte auch die Musik Mozarts und die Poesie Verlaines hervor.

*Deshalb muss ich dich jetzt fragen, ob zur
Gestaltung all dessen nicht ein großer Architekt
oder ein Programm wie in der Informatik notwendig ist? Müsste es dann nicht auch einen
Programmierer geben?*

Diese Frage stellt sich natürlich jedem von uns. Ich werde auf sie eingehen, indem ich einen Umweg über zwei andere Fragen nehme. Alle drei haben gemeinsam, dass wir auf sie keine Antwort wissen.

*Warum stellen wir sie uns dann?*
Einfach deshalb, weil die Anerkennung ihrer Berechtigung und das Eingeständnis unserer Unwissenheit wichtige Stufen unserer Reflexion sind. Die erste Frage erscheint zwar naiv, ist es aber ganz und gar nicht. Sie geht auf den Philosophen Leibniz zurück: «Warum gibt es etwas und nicht vielmehr nichts?»

*Man könnte darauf antworten, dass niemand diese Frage stellen würde, wenn es nichts gäbe!*
Gewiss! Außerdem ist es evident, dass es «etwas» gibt. Das ist eine Tatsache. Aber auf die Frage nach dem «Warum» haben wir keine Antwort. Wir müssen unsere Unwissenheit also zugeben! Und von dieser Feststellung ausgehend, stellen wir unsere zweite Frage.

*Und die wäre?*
Sie lautet: Warum hat sich dieses «etwas», das am Beginn des Kosmos ein undifferenziertes Chaos war, schrittweise strukturiert, anstatt chaotisch zu bleiben? Diese Frage stellt sich angesichts unserer wissenschaftlichen Erkenntnisse und im Besonderen aufgrund der erhellenden Urknalltheorie, die ein glaubhaftes Szenario der Geschichte des Universums bietet.

*Liefert uns die Wissenschaft Antworten?*
In gewisser Weise ja. Sie sagt uns, dass sich diese Strukturen dank der Existenz dessen, was wir die «Kräfte» der Natur nennen, und aufgrund der «Gesetze», die sie durchwalten, herausbilden konnten. Die Schwerkraft herrscht über Planeten und Sterne, die elektromagnetische Kraft über Atome und Moleküle und die nuklearen Kräfte (davon gibt es zwei Arten) über Protonen und Atomkerne. Wir kennen uns mit diesen Kräften gut aus. Ihre Eigenschaften werden in unseren Physiklaboren genau gemessen.

*Ja, ich verstehe. Aber mir scheint, du schiebst die eigentliche Frage vor dir her: Wenn ich dich frage, warum diese Kräfte in der Natur existieren, anstatt nicht zu existieren, was antwortest du dann?*
Du hast vollkommen recht. Selbst wenn man eine Antwort fände, könnte man von Neuem fragen: «Aber warum diese Antwort?» Und so ginge es immer weiter! Die Folge von «warum» und «deshalb weil» wäre endlos. Und wieder müssten wir uns hier unsere Unwissenheit eingestehen. Wir können sagen: Es gibt Kräfte, die die Strukturierung der Materie ermöglichen. Letzten Endes wissen wir aber nicht, warum es «etwas» gibt und nicht vielmehr nichts, und warum diese Kräfte existieren – anstatt dass sie nicht existieren –, durch die sich das «etwas» strukturieren und vor

allem dich, mich, deine Eltern, Cousins und Cousinen hervorbringen konnte…

*Du hast gesagt, dass wir uns mit diesen Kräften gut auskennen?*

Um dich mit ihnen bekannt zu machen, werden wir einen Umweg über die Geschichte der Wissenschaft gehen. Vor den Forschungen von Galilei und Newton im 17. Jahrhundert war das in der wissenschaftlichen Welt gemeinhin akzeptierte Bild des Kosmos das des Aristoteles. Für ihn setzt sich das Universum aus zwei verschiedenen Teilen zusammen: aus einem unteren (unterhalb des Mondes) und einem oberen (über dem Mond). Unten befindet sich unsere irdische Welt, die aus verderblicher Materie besteht und Veränderungen unterworfen ist: Holz vermodert, Metall rostet, Gebirge erodieren, Täler ebnen sich ein. Oben hingegen haben wir die Gestirne, die Sonne, die Planeten, die Sterne, alle aus einer reinen, unverderblichen Substanz, die auf ewig unverändert dieselbe bleibt.

*Warum bildet der Mond die Grenze zwischen diesen beiden Welten?*

Für die Menschen dieser Epoche hatte der Mond einen doppelten Status. Er verändert sich (die Mondsichel nimmt verschiedene Formen an) und zugleich verändert er sich nicht, denn wie die

Sterne kehrt er regelmäßig zum erwarteten Zeitpunkt zurück. Schließlich beobachtet Galilei den Himmel mit seinem Fernrohr. Er entdeckt die Satelliten des Jupiter, die Sichel der Venus und die Mondgebirge. Er schließt daraus, dass es nicht zwei, sondern nur eine einzige Welt gibt. Und wenige Jahrzehnte später trägt sich die legendäre Geschichte Isaac Newtons zu. Eines Abends im klaren Mondenschein sieht er, wie ein Apfel von einem Apfelbaum herunter auf die Erde fällt. Das stürzt ihn in tiefes Nachdenken. Von diesem Ereignis ausgehend, wird er beweisen, dass ein und dieselbe Kraft – die Schwerkraft – dafür sorgt, dass der Apfel zu Boden fällt, dass sich der Mond um die Erde dreht und die Planeten um die Sonne kreisen. Diese Kraft bestimmt die Erde und das Sonnensystem gleichermaßen. So entstand die Astrophysik.

*Ist das überall so? Sogar in den entferntesten Galaxien?*
Deine Frage konnte erst im 20. Jahrhundert mit Hilfe großer Teleskope beantwortet werden. Man fängt das Licht auf, das die Sauerstoffatome der Milliarden von Lichtjahren entfernten Sterne aussenden. Man vergleicht die Photonen, die seit Milliarden von Jahren unterwegs sind, mit Photonen aus einer Sauerstoffquelle im Labor. So entdeckt man, dass die «alten» Photonen der Galaxie

mit sehr großer Präzision den gleichen Gesetzen gehorchen wie die «jungen» Photonen der Lampe... Diese Erfahrungen zeigen, gemeinsam mit einigen anderen Experimenten, dass für die Eigenschaften der Naturkräfte überall in Raum und Zeit dieselben Gesetze gelten. Ich will hinzufügen, dass die Erforschung des Kosmos sehr viel komplizierter wäre, wenn diese Gesetze sich abhängig von Ort und Zeit verändern würden. Man könnte meinen, dieses Gleichmaß sei ein großzügiges Zugeständnis von Mutter Natur an die armseligen Wissenschaftler, die sich abmühen, sie zu begreifen.

*Trotzdem scheint es mir hier ein Problem zu geben. Du hast mir gezeigt, dass wir in einem Universum leben, das sich ständig verändert, und jetzt sprichst du von Gesetzen, die unveränderlich sind.*

Ja, dieses Paradoxon gibt es tatsächlich. Genauso wie die Theorie des Big Bang mittlerweile akzeptiert ist, hat sich die Universalität der Gesetze etabliert. Fassen wir also zusammen. Wir haben uns gefragt, warum die Magmamasse des ursprünglichen Universums Strukturen ausgebildet hat, deren Dimensionen unsere Stufenleiter vor Augen führt, und warum sich auf den einzelnen Stufen nach und nach etwas entwickeln konnte? Die Antwort lautet: Weil es Kräfte gibt, die auf die Teilchen einwirken und sie dazu bringen, eine

Struktur zu bilden. Wir haben die Entdeckung gemacht, dass die Gesetze, die über diese Kräfte herrschen, eine bemerkenswerte Besonderheit haben: Sie bleiben überall und immer gleich, während sich in unserem Kosmos alles verändert.

*Das erinnert mich an die steinernen Tafeln des Moses. Nach der biblischen Erzählung sind in sie die Zehn Gebote eingemeißelt. Auf welche «Tafeln» wären die Naturgesetze geschrieben, um ewig zu bestehen? Noch eine Frage ohne Antwort.*

Diese Gesetze haben nie aufgehört, uns in Erstaunen zu versetzen. Hier noch eine jüngere Entdeckung, auf die niemand gefasst war, als man begann, den Kosmos zu erforschen. Unsere Beobachtungen und die theoretischen Modelle des Universums zeigen, dass diese Gesetze genau die Eigenschaften haben, die zur Entstehung von Leben notwendig sind.

*Du willst also sagen, wenn sie anders wären, dann hätte sich das Leben nicht entwickeln können? Wie kann man das beweisen?*

Dabei sind uns Computer eine große Hilfe. Man simuliert aufgrund von Berechnungen, was in einem Universum geschehen würde, in dem andere Gesetze herrschen. Wir nennen sie «Spielzeuguniversen». Jedes von ihnen ist einer Gruppe von Gesetzen unterworfen, die in gewisser Weise das Rezept für seinen Kuchen sind. Man geht zunächst von einem extrem heißen, konzentrierten und leuchtenden Magma aus, wie bei der Theorie des Big Bang. Man lässt es abkühlen und beobachtet, was passiert. In beiden, im Spielzeuguniversum wie im realen Universum, erkaltet die kosmische Materie, sie dehnt sich aus und verfinstert sich. Aber, und das ist der Punkt, es gibt wichtige Unterschiede, je nachdem welches Rezept man zu Beginn wählt.

Meist kann sich das Leben, das wir kennen, nicht entwickeln. In manchen Fällen kann keine Galaxie, kein Stern und kein Planet aus seinem Ursprungsbrei Flüssigkeit bilden. Dann gibt es weder feste Planeten noch Wasseransammlungen, durch die Leben entstehen könnte. In anderen Fällen zersplittert die ganze Materie und zieht sich zusammen. Es bildet sich also eine Gruppe sehr dichter Sterne, die kein Licht aussenden (die schwarzen Löcher). Überdies gibt es keine Sonne und kein Planetensystem. Oder aber, der Wasserstoff wird komplett in das Helium der ersten Minuten umgewandelt (unsere dritte Stufe), und später kann sich kein Wasser bilden, um die ersten lebendigen Zellen zu beherbergen (unsere fünfte Stufe). Das heißt, es gibt zu wenig Kohlenstoff, ein Atom, das für die Biochemie von größter Bedeutung ist. In zahlreichen Fällen gibt es keinen Stern, der lange genug existiert, dass Leben in seinem Planetensystem entstehen und sich weiterentwickeln könnte.

*Du sagst mir also, dass die physikalischen Gesetze unseres Universums genau die Eigenschaften besitzen, die für die Existenz eines Menschen, der solche Fragen stellen kann, vonnöten sind. Wenn das nicht der Fall wäre, so viel steht fest, dann wären wir jetzt nicht hier, um zu diskutieren... dann wäre niemand hier! Anders gesagt, wir (unser Universum) haben das große Los gezogen! Oder noch besser, wir haben Schwein gehabt!*

Was dieses Thema angeht, ist die wissenschaftliche Gemeinschaft sehr gespalten. Einige sehen darin nur eine Banalität, die kaum von Interesse ist. Andere hingegen halten diese Information für sehr bedeutsam. Wie nicht anders zu erwarten, spielen für die Art der persönlichen Reaktionen philosophische und religiöse Anschauungen eine Rolle.

*Und du, Großvater, was glaubst du?*

Ich kann nicht umhin zu denken, dass es etwas zutiefst Bedeutsames und Wissenswertes gibt, das sich uns aber komplett entzieht. Wir werden darauf zurückkommen, wenn wir über die Paralleluniversen sprechen.

Das Multiversum

*Meine Freunde, die wissen, dass wir uns unterhalten, interessieren sich für das, was man Paralleluniversen nennt. Gibt es andere Universen wie das unsere, die von uns vollkommen unabhängig sind?*
Von dieser Möglichkeit wird in wissenschaftlichen Kreisen oft gesprochen. Einigen Autoren zufolge ist unser Universum nur ein Kosmos zwischen unzähligen anderen. Die Gemeinschaft dieser Universen wird gemeinhin «Multiversum» genannt.

*Wie denkst du darüber?*
Natürlich ist alles möglich. Zu behaupten, dass es kein anderes Universum als das unsere geben kann, erscheint mir nicht sehr wissenschaftlich. Das Problem ist, dass wir im Moment nicht den geringsten Beweis, nicht einmal indirekt, für die Existenz auch nur eines einzigen anderen Universums haben. Der Wissenschaft sind neue Ideen willkommen, aber im Gegenzug erwartet man Beweise, Bestätigung durch qualifizierte Beobachtungen. Sonst handelt es sich um Science-Fiction.

*Du hast neulich gesagt «die Abwesenheit von Beweisen ist nicht der Beweis für die Abwesenheit».* Das ist allerdings wahr. Und deshalb stehe ich dieser Frage auch offen gegenüber. Es gibt mittlerweile sogar eine von mehreren Astrophysikern übernommene Argumentation, die die Vorstellung von der Existenz eines solchen «Multiversums» zu rechtfertigen scheint. Kehren wir zu unserem eigenen Universum und zu den Gesetzen, die es beherrschen, zurück. Genauer gesagt zu der Feststellung, dass diese Gesetze exakt die Eigenschaften haben, die erforderlich sind, um die Entstehung von Leben und Bewusstsein zu ermöglichen.

*Ja, aber was hat das mit dem Multiversum zu tun?* Stellen wir uns jetzt vor, dass jedes Universum dieses Multiversums unterschiedlichen Gesetzen gehorcht (jedes hat ein anderes Rezept für den Kuchen). Ergebnis: Diejenigen, die nicht unser Rezept haben, das wir das «fruchtbare Rezept» nennen, kühlen ab, dehnen sich aus, verfinstern sich wie wir auch, aber sie bleiben steril. Sei es, weil sich kein beständiger Stern bilden konnte, sei es, weil sich der Wasserstoff komplett in Helium umgewandelt hat und folglich kein Wassermolekül entstehen konnte.

*Ja und? Was schließen wir daraus?*

Dazu sagen die Forscher: «Wenn wir im Stande sind, Fragen zu stellen, dann ganz einfach deshalb, weil wir inmitten all dieser Universen in einem leben, das fruchtbar ist.» So erklärt sich für sie alles leicht… und das rechtfertigt den Glauben an ein Multiversum.

*Du hast mir ja gesagt, dass wir kein Mittel haben, um festzustellen, ob diese Universen wirklich existieren.*

Im Moment nicht! Vielleicht verändert sich diese Situation irgendwann, und vielleicht gelingt es uns dann, sie mit neuen Instrumenten aufzuspüren? Aber während wir darauf warten, verfügen wir über kein Mittel, das uns Gewissheit über ihre Existenz oder über ihre Nicht-Existenz geben könnte.

*Sag mir, ob ich dich richtig verstanden habe. Diejenigen, die an das Multiversum glauben, sagen: «Wenn es andere Universen gibt und wenn diese anderen Gesetzen unterworfen sind als wir, dann müssen wir über unsere Fruchtbarkeit nicht mehr erstaunt sein. Dann ist unser Universum nur eines inmitten unendlich vieler anderer und unterscheidet sich nur durch die Tatsache, dass in ihm fruchtbare Gesetze herrschen.*

Ja, so kann man das sagen.

* * * * * * * * * III * * * * * * *

*Das ist eine hübsche Argumentation, aber mir scheint, es tauchen sehr viele «wenn» auf!*

Ja, da stimme ich dir zu. Auch für meinen Geschmack gibt es viele «wenn». Ziehen wir die Existenz des Multiversums aber in Zweifel, wie sollen wir dann die Tatsache deuten, dass die Gesetze des Kosmos genau jene sind, durch die sich die Komplexität steigern und das Bewusstsein auf der Erde (und vielleicht auch auf anderen Planeten) Einzug halten kann? Das ist die Situation, mit der wir uns heute konfrontiert sehen. Ich habe keine Antwort darauf.

Ich glaube, es ist wichtig, im Geiste offen zu bleiben. Besser, man akzeptiert, dass Fragen unbeantwortet bleiben, als dass man unzureichende Lösungen übernimmt. Dann läuft man nämlich Gefahr, Türen zu schließen, die noch vielversprechende Perspektiven eröffnen könnten. Die Beobachtungen, die gezeigt haben, dass die physikalischen Gesetze gut an die Entstehung von Leben und Bewusstsein angepasst sind, hätten ihre potentiell interessante Botschaft nicht übermitteln können. Das wäre schade gewesen…

# Die Uhr und der Uhrmacher

*Du hast mir viel über den Kosmos erzählt. Du hast mir den Aufbau der Materie beschrieben. Du hast mich darauf aufmerksam gemacht, dass die Gesetze des Kosmos genau die richtigen sind, um diesen Aufbau zu gewährleisten. Wer hat also diese Gesetze beschlossen? Wenn etwas so schön zustande kommt, dann muss es doch einen Erfinder geben?*

Das ist ein Bereich, in dem größte Vorsicht geboten ist. Wir verlassen die Wissenschaften, um zur Interpretation der Tatsachen zu kommen. In der Wissenschaft hat man Beweise. Hier kann man nichts beweisen. Man kann nur seine persönlichen Meinungen formulieren. Für den Anfang werde ich dir eine Geschichte erzählen.

In ferner Vergangenheit, lange vor den großen Forschungsleistungen und den Satellitenfotos, fragten sich die Menschen, welche Form die Erde wohl habe: «Ist sie flach oder ist sie rund?» Einige sagten: «Es kann nicht sein, dass sie aussieht wie eine Kugel, denn in diesem Fall würden die Köpfe derjenigen, die auf der anderen Seite wohnen,

nach unten zeigen. Sie würden ins Leere fallen.»
Diese Überlegung erschien ganz und gar logisch,
aber sie ist falsch. Die Erde ist rund, und die
Australier fallen nicht herunter! Wo lag der Fehler? Er liegt in der Bedeutung des Wortes «nach
unten». Wie wir heute wissen, heißt «unten»
immer in Richtung des Zentrums der Erde, ganz
gleich wo man auf dem Planeten steht. Aber zu
dieser Zeit wusste man das noch nicht. Die Unwissenheit führte zu falschen Schlüssen.
Diese Geschichte illustriert eine wichtige Überlegung: Wenn wir nachdenken, dann gehen wir von
dem aus, was uns vertraut ist. Wenn wir uns das
bewusst machen, dann erkennen wir die Gefahr,
die darin besteht, unsere Überlegungen auf alle
Dimensionen hin auszuweiten. Unsere Argumente
gelten für die Maßstäbe unserer Wissenschaft zu
einer bestimmten Zeit. Und wenn neue Erkenntnisse gewonnen werden, müssen wir unsere Gedankengänge an diese anpassen. Voltaire sagte:
«Ich kann mir nicht denken, dass es diese Uhr gibt
und dazu keinen Uhrmacher.» Diese Betrachtung
bedient sich des Bildes der Uhr und des Uhrmachers. Aber du hast seinen Sinn begriffen. Kann
man das Universum mit einer Uhr vergleichen?
Man muss sich vor Vergleichen immer in Acht
nehmen. Was ist eine Uhr? Das ist ein Mechanismus, der sich aus vielen Rädchen zusammensetzt.
Zu Voltaires Zeiten, um 1750, hatte man

gerade den Aufbau des Sonnensystems mit seinen Planetenumlaufbahnen entdeckt. Man versteht also Voltaires Vergleich mit einer Uhr. Seine Überlegungen umfassen das ganze Universum, über das man in seiner Epoche noch nicht viel wusste. Heute präsentiert uns die zeitgenössische Physik ein Bild von der Wirklichkeit, das auf andere Weise komplexer und geheimnisvoller ist. Wir haben die Rätsel, die uns die Atomphysik aufgibt, noch nicht ergründen können. Und man weiß immer noch nicht, was die Wirklichkeit eigentlich ist.

*Soll das heißen, dass man die Vorstellung von einem großen Architekten aufgeben muss?*
Ich weiß es nicht. Das ist eine Frage, die ich mir seit Langem stelle. Eins ist jedenfalls klar, die Antwort, die Voltaire gibt, ist absolut unbefriedigend. Aber was sollen wir stattdessen annehmen? Ich sehe, wie deine kleine Katze Coquecigrue auf deinem Schoß schläft. Du hast mir einmal gesagt, dass sie sehr intelligent sei.

*Ja, sie erstaunt mich immer wieder. Manchmal habe ich den Eindruck, dass sie denken kann.*
Und trotzdem kommst du nicht auf die Idee, ihr zum Beispiel Geometrie beizubringen.

*Nein, natürlich nicht. Die würde sie nicht verstehen.*

So wie die Geometrie für deine kleine Katze unverständlich bleiben wird, so bin ich oft versucht zu denken, dass diese Fragen zum Projekt des Universums außerhalb unseres Verständnishorizontes liegen. Sie entziehen sich unserer Gehirnleistung. Trotz aller Fortschritte der heutigen Wissenschaft bleibt das Universum für uns zutiefst rätselhaft. Vielleicht wird es das auf ewig bleiben. Ich denke, darauf muss man sich gefasst machen. Aber wer weiß?

Was ist ein schwarzes Loch?

*Viele Leute sprechen über schwarze Löcher. Gibt es die wirklich? Befinden sie sich am Himmel über unseren Köpfen? Und außerdem, wenn sie wirklich schwarz wären, dann könnte man sie doch eigentlich gar nicht sehen!*

Die Antwort lautet ja, es gibt Milliarden von schwarzen Löchern. Große wie das Sonnensystem, kleine von den Ausmaßen des Mont Blanc und vielleicht noch kleinere. Allerdings ist das Wort «Loch» nicht gut gewählt. Es handelt sich nicht um Löcher, sondern um äußerst merkwürdige Sterne. Damit ich dir etwas über sie erzählen kann, musst du dir zuerst Folgendes vorstellen: Denk dir, dass sich heute Nacht ein riesiger Geist unserer Sonne nähert und diese zwischen seinen gewaltigen Händen zusammenpresst. Stell dir vor, wie der Durchmesser unseres Sterns von einer Million Kilometer auf drei Kilometer zusammenschrumpft.

*Was würde passieren?*
Morgen früh gäbe es keinen Sonnenaufgang. Sie wäre unsichtbar!

*Warum?*
Weil sie so dicht und kompakt geworden wäre, dass ihr Licht nicht mehr nach außen dringen könnte. Es würde wieder in sie zurückfallen wie das Wasser eines Springbrunnens.

*Was hindert das Licht daran, die Sonne zu verlassen?*
Die Anziehung der so stark komprimierten Materie! Genauso wie die Anziehungskraft der Erde die Steine, die du wirfst, daran hindert, unseren Planeten zu verlassen. Ein schwarzes Loch ist ein Stern, der so kompakt ist, dass nichts aus seinem Innern nach draußen gelangen kann. Selbst das Licht kehrt wieder zu ihm zurück! Nichts, was ihm begegnet, kommt je wieder aus ihm hervor. Er ist eine Art riesenhafter Staubsauger.

*Könnte die Erde durch ihn verschlungen werden?*
Nein, sie ist viel zu weit entfernt. Sie liegt außerhalb seiner Reichweite.

*Aber wenn ich sie nicht sehen könnte, woher wüsste ich dann morgen früh, dass die Sonne noch da ist?*

Wenn du Nacht für Nacht die Sterne beobachtest, die immer am Himmel stehen, wirst du sehen, dass die Sternbilder im Lauf der Jahreszeiten wiederkehren und aussehen wie zuvor. Das wird dir die Gewissheit geben, dass die Erde sich weiter um die Sonne dreht.

*Wenn sich die Sonne also in ein schwarzes Loch verwandelte, dann würde sie das trotzdem nicht daran hindern, die Erde anzuziehen und sie in ihrem Orbit zu halten.*

Das siehst du ganz richtig. Unsere Sonne wirkt durch zwei unterschiedliche Vorgänge auf die Planeten ein: Erstens spendet sie ihnen Licht, und zweitens zieht sie sie durch das, was man ihr Gravitationsfeld nennt, an. Es handelt sich hierbei um eine Eigenschaft aller Körper. Sie ziehen sich gegenseitig an, und je massereicher sie sind, desto stärker ist diese Wirkung auf ihr Umfeld. Allerdings laufen diese beiden Prozesse unabhängig voneinander ab. Auch wenn die Sonne aufhören würde, den Planeten Licht zu senden, zöge sie diese doch weiterhin an. Ein schwarzes Loch macht sich durch seine Gravitationskraft bemerkbar.

Führen wir uns nun ein anderes Kapitel unserer Geschichte vor Augen. Diesmal vergrößert der schlaue Geist die Masse der Sonne ein wenig.

*Was würde das für die Erde bedeuten? Wenn ich richtig verstehe, dann würde sie stärker von der Sonne angezogen werden. Würde sie dann auf die Sonne fallen?*

Nicht unbedingt. Sie könnte sich ihr auch einfach nur annähern. In einer geringeren Entfernung als der jetzigen würde sie sich schneller drehen. Und wenn der Geist einen Teil der Sonnenmasse wieder wegnähme, dann würde die Erde wieder weiter wegrücken und sich langsamer drehen. Diese kleine Geschichte illustriert die Tatsache, dass ein Stern die Bewegungen der anderen Sterne um ihn herum beeinflusst, auch dann, wenn er ihnen kein Licht spendet.

Aber kommen wir wieder auf die schwarzen Löcher zu sprechen. Wir wissen, dass es eines im Zentrum unserer Galaxie, der Milchstraße, gibt. Genauso wie die Planeten um die Sonne kreisen, hat man unlängst beobachtet, dass sich in der Umlaufbahn dieses unsichtbaren Himmelskörpers mehrere Sterne befinden. Indem man ihre Geschwindigkeit misst, kann man die Masse des unsichtbaren Verwandten berechnen, der drei Millionen Mal mehr wiegt als unsere Sonne. Dieses schwarze Loch befindet sich in Richtung des Sternbilds Zentaur, das in unseren Breiten im Sommer den südlichen Horizont streift. Daneben leuchtet der schöne rote Stern Antares, das Auge des Skorpions.

*Das ist unglaublich! Könnte es uns anziehen und verschlingen?*
Nein, durch die Entfernung sind wir in Sicherheit. Es steht mittlerweile fest, dass jede Galaxie in ihrem Innern ein schwarzes Loch hat. Die Andromedagalaxie besitzt eines, das dreißig Mal massereicher ist als unseres. In anderen Galaxien sind sie noch viel schwerer, bis hin zum Tausendfachen des unseren. Diese Monster verschlucken Sterne und ganze planetarische Nebel. Lawinen von Materie stürzen in sie hinein. Bevor sie für immer verschwinden, erhitzen sich diese gashaltigen Fetzen im freien Fall heftig und senden Lichtblitze auf allen Wellenlängen aus: Radiowellen, Infrarotwellen, für uns sichtbare Lichtwellen, Ultraviolettwellen, Röntgenstrahlen und Gammastrahlen. Diese «Schwanengesänge» kann man im ganzen Universum finden. Man nennt sie «Quasare». Man sagt deshalb, dass das Monster «aufwacht», wenn es etwas zu «essen» bekommt.

*Gibt es auch kleinere schwarze Löcher?*
Ja, sie bilden sich nach dem Tod massereicher Sterne. Nach der Explosion, die das Ende eines Sternes begleitet, komprimiert sich ein Teil der Sternenmaterie und erreicht gigantische Dichten, vergleichbar mit einem großen Öltanker, der in einen Fingerhut gepresst wird. Es gibt davon

Milliarden in unserer Milchstraße, wie wahrscheinlich auch in jeder der anderen Galaxien.

*Gibt es auch noch kleinere?*
Bis heute haben wir dafür keinen Hinweis. Aber die Astronomie lässt uns ganz sicher noch andere Seiten ihres faszinierenden Bestiariums entdecken.

## Dunkle Materie

*Meine Freunde fragen mich, ob die dunkle Materie aus schwarzen Löchern besteht. Was ist diese dunkle Materie, die so geheimnisvoll erscheint?*
Um dir darüber Auskunft zu geben, werde ich zunächst auf das Kapitel über unsere Sonne und ihr Planetensystem zurückkommen. Erinnere dich: Wenn die Sonne massereicher wäre, dann würde sich die Erde schneller drehen. Sagen wir es anders, die Erde hat genau die richtige Geschwindigkeit, um nicht auf die Sonne zu fallen oder ins Weltall zu entschwinden. Oder noch einmal anders gesagt: Man könnte die Masse der Sonne einfach berechnen, indem man die Erdgeschwindigkeit misst. Ich betone diesen Sachverhalt, weil er für uns nun wichtig werden wird.
So wie die Erde sich in einem Jahr um die Sonne und der Mond sich in einem Monat um die Erde dreht, kreisen die Sonne selbst und mit ihr alle Sterne in ungefähr zweihundert Millionen Jahren um den Kern unserer Galaxie. Das Wissen um die Geschwindigkeit eines dieser Sterne ermöglicht

es uns, die Masse von allen anderen Sternen und Nebeln zu berechnen, die sich zwischen ihm und dem Zentrum der Milchstraße befinden. Und hier tauchen plötzlich Probleme auf. Man rechnet alles zusammen: Die gesamte Masse reicht nicht aus, um die Sterne in der Galaxie festzuhalten. Dieses Defizit ist bedeutend, vor allem für die Sterne, die am weitesten vom Mittelpunkt entfernt sind. Wenn so viel Masse fehlt, können sie eigentlich nicht innerhalb der Galaxie bleiben.

*Was sagt uns das?*
Es sagt uns, dass es mehr Materie in unserer Galaxie gibt als die, die wir in Form von Sternen und Nebeln sehen können, ungefähr sechs Mal so viel! Diese zusätzliche unsichtbare Materie nennt man «dunkle Materie».

*Weiß man, aus was sie besteht?*
Nein, aber man weiß dafür, woraus sie nicht besteht. Sie ist ganz anders als der Stoff, aus dem wir selbst gemacht sind. Sie setzt sich nicht aus Protonen, Neutronen, Elektronen, Photonen, den Bestandteilen, die wir als «normal» bezeichnen, zusammen. Alle Versuche, mehr in Erfahrung zu bringen, scheiterten aber bis heute.

*Was wissen wir dann also über die dunkle Materie?*
Zunächst einmal, dass es sie gibt! Wir haben mittlerweile andere Beweise, die uns das bestätigen. Ihre Existenz konnte schon um 1935 aus der Beobachtung von Galaxienhaufen durch den Astronomen Fritz Zwicky abgeleitet werden.
Des Weiteren aus der Tatsache, dass sie, wie gewöhnliche Materie, die Fähigkeit besitzt, andere Körper anzuziehen. Diese Eigenschaft ist es übrigens, die uns ihre Existenz verrät. Und noch eine wichtige Information: Die dunkle Materie macht 24 % der gesamten kosmischen Materie aus, die gewöhnliche Materie nur ungefähr 4 %.

*Und der Rest? 4 % plus 24 %, das ergibt 28 %. Es fehlen also noch 72 %.*
Dazu kommen wir bald.

*Könnten die schwarzen Löcher unserer Galaxie, von denen wir gerade sprachen, zu dieser dunklen Materie etwas beisteuern?*
Nein, dazu gibt es zu wenige. All diese schwarzen Löcher, das unserer Galaxie eingeschlossen, ergeben zusammen nicht einmal 1 % der Masse, die erforderlich ist, um die Sterne an ihrem Platz zu halten. Auf sie kann man also nicht zählen.

*Worauf kann man denn zählen?*
Auf eine andere interessante astronomische Entdeckung der letzten Jahre: die der dunklen Energie. Dazu kommen wir jetzt.

Dunkle Energie und die Zukunft
des Universums

*Was verstehst du unter dunkler Energie?*
Denk immer daran, dass in der Astronomie vor
allem Beobachtungen zählen. Um einen Begriff zu
verstehen, muss man zunächst auf die Beobach‑
tung zurückkommen, durch die er aufkam.
Gegen Ende des 20. Jahrhunderts stellte man die
folgende Überlegung an: Aufgrund ihrer jeweili‑
gen Massen ziehen sich die Galaxien gegenseitig
an. Sie müssten also die Geschwindigkeit ihres
Auseinanderstrebens schrittweise verringert haben
und heute weniger weit voneinander entfernt sein,
als dies der Fall wäre, wenn seit dem Big Bang
keine Anziehungskraft auf sie eingewirkt hätte.
Nun hat man aber nach 1990 überraschenderweise
das Gegenteil festgestellt. Die Galaxien liegen
nicht näher beisammen, sondern weiter auseinan‑
der als erwartet. Diese Berechnungen sind natür‑
lich kompliziert. Aber sie wurden sorgfältig ge‑
prüft und erscheinen nun sehr glaubhaft. Was geht
also vor sich? Man hat daraus auf die Existenz
einer anderen Kraft geschlossen, der die Galaxien

ausgesetzt sind. Diese schreibt man einer unsichtbaren Substanz zu, «dunkle Energie» genannt, die im ganzen Universum präsent ist. Anders als die dunkle Materie und die gewöhnliche Materie übt sie nicht etwa eine Anziehungskraft aus, sondern stößt alles ab, was sie umgibt. Sie beschleunigt die Galaxienbewegung, anstatt sie zu verlangsamen. Wir kennen die Natur dieser Substanz genauso wenig wie die der dunklen Materie. Dennoch wissen wir, dass sie 72 % der kosmischen Dichte ausmacht.

> *Dann lass mich zusammenrechnen: 24 % dunkle Materie plus 72 % dunkle Energie; das bedeutet, dass 96 % des Universums für uns unbekannt sind. Ist man sich sicher, dass diese unsichtbaren 96 % wirklich existieren?*

In den Wissenschaften gibt es keine absolute Sicherheit. Sagen wir besser, die Argumente, die für ihre tatsächliche Existenz sprechen, sind in hohem Maße glaubhaft. Und das eröffnet ein wunderbares Forschungsfeld. Computer geben auf diese Frage keine Antwort, wir müssen damit fortfahren, Beobachtungen anzustellen und uns die Haare zu raufen.

*Großpapa, was kann man für die Zukunft des Universums voraussagen?*

Jetzt verlangst du von mir, Prophet zu spielen. Das ist ein riskantes Spiel. Wie oft hat man Prophezeiungen aller Art als falsch entlarvt?! Aber es ist verführerisch, ausgehend von unseren aktuellen Erkenntnissen, von der Vergangenheit und den physikalischen Gesetzen, in die Zukunft zu schauen. Die erste Schwierigkeit resultiert aus der Tatsache, dass sich unsere Erkenntnisse im Bereich der Physik ständig weiterentwickeln. Man scheut sich nicht, auf der Basis gängiger Theorien die Zukunft vorauszusagen, zugleich aber weiß man, dass diese Angaben bald durch neue Entwicklungen überholt sein könnten. Trotz aller gebotenen Vorsicht wagen wir den Versuch. Ziehen wir die Urknalltheorie zu Rate, denn sie ist die beste Beschreibung der Entwicklung des Kosmos, die wir haben. Gehen wir von der Tatsache aus, dass sich die Galaxien heute voneinander wegbewegen, was besagt diese Theorie dann für die entferntere Zukunft?

Bevor ich es dir erkläre, möchte ich mit dir ein kleines Experiment machen. Nimm diesen kleinen Kieselstein und wirf ihn in die Luft. Wir stellen fest, dass er emporfliegt und dabei immer langsamer wird. Nach einer gewissen Höhe, die durch den Schwung bestimmt wird, den du ihm mitgegeben hast, bleibt er stehen, legt den Rückwärtsgang ein und fällt wieder zu Boden, diesmal, indem er beschleunigt. Weißt du, was die Aufwärtsbewegung des Kiesels verlangsamt und was den Fall beschleunigt? Es ist die Schwerkraft, die sich zwischen ihm und unserem Planeten bemerkbar macht. Man könnte sagen, dass der Stein versucht, sich ihr zu entziehen und ins Weltall davonzufliegen. Wenn der anfängliche Schwung ausreichen würde (aber dein Arm ist dazu nicht stark genug), dann würde es ihm gelingen, und er wäre für immer fort. Es gibt also, was die Zukunft des Kieselsteins angeht, zwei mögliche Szenarien: Er kann wieder auf den Boden fallen oder im Weltall verschwinden. Und wie es ausgeht, das hängt davon ab, wie viel Kraft derjenige, der ihn wirft, aufbringt.

Kommen wir jetzt wieder auf die Ausdehnung des Universums zurück. Die Galaxien entfernen sich voneinander und ziehen sich gleichzeitig gegenseitig an. Folglich gibt es wieder zwei mögliche Szenarien: Wenn der erste Impuls im Moment des Urknalls stark genug gewesen wäre (erstes Szenario), dann würden die Galaxien immer weiter auseinanderdriften. Demnach würde sich die Dichte des Universums verringern und nach und nach, innerhalb eines unbestimmten Zeitraums, eine Abkühlung erfolgen, bis hin zu Temperaturen um den absoluten Nullpunkt. Dieses Szenario nennt man «Big Chill». Im zweiten Fall wäre der

anfängliche Impuls nicht stark genug, um die
Galaxien von ihrer wechselseitigen Anziehungskraft zu «befreien». Ihre Bewegung würde sich
nach und nach verlangsamen und schließlich zum
Stillstand kommen. Sie würden also, entgegen
ihrer ursprünglichen Richtung, wieder aufeinander zukommen. Die Temperatur des Universums
würde wieder so ansteigen wie in der Vergangenheit, in einer Phase, die man als «Big Crunch»
bezeichnet. Einsteins Schwerkrafttheorie lehrt
uns, dass beide Szenarien a priori möglich sind,
aber welches das zutreffende ist, bleibt offen. Die
Antwort können wir nur finden, indem wir die
Galaxienbewegung beobachten.

*Und was schließen wir daraus für deine Vorhersagen über die Zukunft des Universums?*
Die dunkle Energie scheint der Schlüssel zu sein.
Das Problem ist, dass wir nicht wissen, ob sie sich
mit der Zeit verändert. Wenn sie sich innerhalb
der kommenden Milliarden von Jahren nicht
verändert, dann wird sich die Ausdehnung immer
weiter beschleunigen, und wir bewegen uns auf
den Big Chill zu. Wenn es sich andersherum
verhält, und die Ausdehnung verringert sich, dann
würden wir uns dementgegen aufheizen bis zum
zukünftigen Big Crunch. Aber keine Panik! Das
wäre frühestens in mehreren Dekaden von Milliarden von Jahren so weit. Was die nahe Zukunft

angeht, so ist die größtenteils durch menschliches Handeln verursachte Erderwärmung, die wir im Moment erleben, wesentlich beunruhigender.

> *Deine Antwort lautet also, dass man nicht genügend weiß. Der Big Crunch ist nicht ausgeschlossen. Aber wenn es dazu käme, könnte danach alles wieder von vorne losgehen? Mit einem neuen Urknall?*

Das ist nicht unmöglich! Den Weissagungen der Indianer nach wird das Universum auf ewig wiedergeboren werden wie der Vogel Phönix aus der Asche.

> *Ist das ein Argument, das für das Szenario des Big Crunch spricht?*

Nein, aber eben doch eine interessante Analogie.

# Ein paar Gedanken zum Schluss

*Wenn ich mir die Sterne ansehe, dann erkenne ich Arcturus, Altair und Wega wieder, und ich freue mich immer, Deneb zu entdecken. Sie sind meine Freunde geworden. Durch das, was du mir erklärt hast, erscheinen sie mir jetzt noch faszinierender. Ich hätte mir niemals träumen lassen, dass man mit Teleskopen in der Lage ist, so viele Galaxien und so viele Sterne zu beobachten, einer außergewöhnlicher als der andere, und dass man so viele aufregende Dinge über unser Universum, seine Vergangenheit und seine Geschichte lernen kann...*
Es ist unser großes Glück, dass Wissenschaftler so viele Stunden damit zugebracht haben, diese Instrumente zu entwickeln, mit denen man die tiefe Nacht durchdringen kann. Sie haben ihre Beobachtungen genutzt, um Theorien zu bestätigen oder zu verwerfen, so dass wir heute besser verstehen können, was vor sich geht. Wir ernten die Früchte ihrer Arbeit. Auch jetzt sind auf der ganzen Welt Wissenschaftler unermüdlich damit beschäftigt, weitere Geheimnisse zu lüften.

Auf einer besonders wichtigen Erkenntnis möchte ich beharren: Wir leben in einem Universum, das eine Geschichte hat, in einem Universum, in dem unaufhörlich etwas Neues, Folgenreiches passiert. Ein Beispiel: Am 24. Februar 1987 hat man am südlichen Himmel mit bloßem Auge eine Sternenexplosion in der Großen Magellanwolke beobachtet. Seit diesem Moment werden neue Atome, welche dieser Stern während seines Lebens gebildet hatte, ins All geschleudert. Ein anderes Beispiel: Vor einigen Jahren bist du im Bauch deiner Mutter gezeugt worden. Und jetzt bist du mit mir hier, um dir die Sterne anzusehen und um mir Fragen zu stellen...
So tragen sich in jedem Moment dieser großen Geschichte am Himmel und auf der Erde unzählige Ereignisse zu, die ich «Abenteuer Universum» nennen möchte.

*Du meinst das Abenteuer des Universums?*
Nein, was ich sagen möchte ist, dass das Universum selbst ein Abenteuer *ist*! Es findet seit fast vierzehn Milliarden Jahren in gigantischen, vielleicht unendlichen Räumen statt. Die Sonne, unsere Existenz, das Leben deiner Katze... das alles sind kurze Episoden dieses Epos. Es ist eine Abfolge miteinander verbundener oder sich aneinanderreihender Ereignisse, die in ihrem Zusammenwirken die zukünftige Entwicklung bestimmen.

Dank der Astronomie haben wir gelernt, dass wir nicht der Nabel der Welt sind, wie wir das lange Zeit geglaubt haben. Die Liegestühle, von denen aus wir den Himmel betrachten, befinden sich auf einem kleinen Planeten, der wie Milliarden weitere am Rande der Galaxie liegt und um einen gelben Stern kreist.

Noch erstaunlicher ist vielleicht, dass sich unser Wissen um die zeitlichen Dimensionen erweitert hat. Man glaubte lange, dass die Entstehung der Welt noch nicht sehr weit zurück läge, dass seitdem einige tausend Jahre vergangen seien. Heute blicken wir auf Milliarden von Jahren zurück. Die Dauer unseres Menschenlebens – das uns manchmal so lang vorkommen mag – ist unendlich gering, gemessen am Alter des Universums oder der Sonne. Es ist, wie wenn man einen Wimpernschlag mit einem ganzen Jahr vergleicht. Mark Twain, ein amerikanischer Autor des 19. Jahrhunderts, bediente sich eines anderen Vergleichs, um die Vergänglichkeit der Menschen, die sich für so wichtig halten, vor Augen zu führen. Die Dauer unseres Lebens ist wie die Dicke der Farbschicht auf der Spitze des Eiffelturms verglichen mit der Höhe des ganzen Turms. Zu dieser Zeit ignorierte man jene riesigen Zeiträume, die der Entstehung des Lebens vorangingen. Die Herausbildung intelligenter Strukturen nahm Milliarden von Jahren in Anspruch und sie erstreckt sich über

Dekaden von Milliarden von Lichtjahren. Das ist eine weitere wichtige Entdeckung, die wir der wissenschaftlichen Forschung verdanken.

> *Das ist fantastisch! Und trotzdem weiß ich, dass du um die Fortsetzung dieser schönen Geschichte sehr besorgt bist. Was ist es, das dich so beunruhigt?*

Ja, wir müssen noch über die ökologische Krise sprechen, in der wir uns befinden. Man kann sie indirekt mit der Entstehung der Intelligenz bei uns Menschen, mit den Fähigkeiten unseres Gehirns und seinen Leistungen in Verbindung bringen... Dazu erzählt der griechische Philosoph Platon die folgende Legende: Als die ersten Lebewesen geboren wurden, waren zwei Brüder, Epimetheus und Prometheus, mit der Aufgabe betraut, jeder Art besondere Fähigkeiten zu verleihen, um durch diese den Gefahren der Natur zu trotzen. Epimetheus begann. Er gab den Elefanten das Gedächtnis, den Raubkatzen die Schnelligkeit, den Vögeln die Gabe zu fliegen. Prometheus stellte schließlich fest, dass sein Bruder die Menschen vergessen hatte, und um das wieder wettzumachen, stattete er sie mit der Intelligenz aus. Seitdem können sie Werkzeuge herstellen und sich das Feuer des Himmels zunutze machen.

*Das ist eine hübsche Legende. Aber wie hat es sich in Wirklichkeit zugetragen?*

Die ersten menschlichen Wesen traten vor ungefähr zweihunderttausend Jahren auf den Plan. Zu dieser Zeit dürfte das Leben nicht gerade leicht gewesen sein. Die Erde war von gefürchteten Raubtieren bevölkert, vor denen man sich und seine Kinder schützen musste. Die Menschen hatten nicht viel, das sie diesen Gefahren entgegensetzen konnten. Man musste essen und versuchen, nicht selbst gefressen zu werden. Die Intelligenz entwickelte sich als Fähigkeit, im Kampf mit anderen Lebewesen zu bestehen. In diesem Sinne kann man sie als eine emergente Fähigkeit betrachten, die sich zu einem Zeitpunkt neu herausbildete, zu dem die immer komplexer werdende Entwicklung bestimmte Tiere und mit ihnen die Gattung Mensch hervorbrachte. Auf diese Weise schreibt sie sich in die Geschichte des Abenteuers Universum ein. Wenn sie zu Beginn auch segensreich war, so wurde diese Fähigkeit im Laufe der Zeit doch immer problematischer. Mit ihrer Hilfe haben wir, die Menschen, außerordentlich leistungsfähige Technologien entwickelt. Aber während wir auf der einen Seite zum Beispiel hervorragende Medikamente entwickeln, fischen wir auf der anderen Seite unsere Ozeane leer, zerstören unsere Wälder und lassen die Böden unfruchtbar werden. Wir rotten zahlreiche Tier- und Pflanzen-

arten aus, die seit Hunderten von Millionen von Jahren überlebt haben. Wir machen die Entdeckung, dass unser Planet nicht unerschöpflich ist, und geraten an seine Grenzen. Das ist es, was wir heutzutage als ökologische Krise bezeichnen.
Das Wort ökologisch bedeutet «auf das Haus oder den Haushalt bezogen». Wir spielen unserem Zuhause, also der Biosphäre und all ihren Bewohnern, übel mit.

*Könnten wir es in Betracht ziehen, andere Planeten zu bevölkern?*
Ich glaube nicht, dass das eine gute Lösung wäre. Innerhalb kurzer Zeit würden wir an dieselben Grenzen stoßen. Das, was wir jetzt treiben, würde sich nur wiederholen, und so würden wir den Ausgang lediglich vor uns herschieben.

*Wenn wir annehmen, dass sich auch auf einem anderen Planeten intelligentes Leben entwickelt hat, stehen seine Bewohner dann vielleicht vor denselben Problemen?*
Das ist die Frage, der wir jetzt auf den Grund gehen werden. Um sie anschaulich zu machen, werden wir ein Szenario erfinden, das auf vielen «Nehmen wir an, dass...» beruht.
Nehmen wir an, dass sich Formen des Lebens, die denen auf der Erde mehr oder weniger ähneln, auf mehreren Planeten im Universum entwickelt

haben. Nehmen wir weiter an, dass die Stufen ihrer Entwicklung im Großen und Ganzen vergleichbar sind mit dem, was sich hier ereignet hat. Das ist eine Hypothese, aber sie ist lehrreich. Seit mehreren Milliarden Jahren bilden sich in den Galaxien unaufhörlich neue Sterne. Bestimmte Sterne sind sogar vor der Sonne entstanden, die selbst 4,5 Milliarden Jahre alt ist; andere sind wesentlich jünger. Ihre Planetensysteme sind also unterschiedlichen Alters. Stellen wir uns vor, wir machten uns auf die Reise, um verschiedenen Planeten einen Besuch abzustatten. Auf einigen fände man primitivste Lebensformen: Zellen, die sich in lauen Wasserpfützen tummeln. Auf anderen würden wir Reptilien sehen, die in der Savanne leben. Und auf wieder anderen begegneten wir den Vorfahren der Vögel, die die ersten Blumen bestäuben. Und dann gäbe es Planeten, auf denen mit Intelligenz begabte Lebewesen die Wände der Höhlen bemalen, die ihnen Schutz bieten.

*Könnten wir Lebensräume finden, die dem unseren gleichen, wie er in hundert, in tausend, in einer Million Jahren aussehen wird? In welchem Zustand wären diese dann? Man könnte so unsere Zukunft voraussehen. Wie in einer Kristallkugel!*

Deine Frage lässt uns wieder auf unsere heutige Situation zurückkommen. Es ist vorstellbar, dass andere Zivilisationen mit denselben Schwierigkeiten zu kämpfen hatten, vor denen wir jetzt stehen: mit den selbst erfundenen Technologien weiterzuexistieren und die durch den Einfluss ihrer Industrie in Gang gesetzte Zerstörung des eigenen Lebensraums aufzuhalten... Die ökologische Krise, die wir durchmachen, könnte ein universales Phänomen sein, das im Zuge einer komplexen, hohe Intelligenz- und Bewusstseinsstufen herausbildenden Evolution unvermeidbar ist. Eine Art Versetzungsprüfung, der sich alle intelligenten Bewohner eines Planeten, auf dem sich Leben entwickeln konnte (oder noch entwickeln wird), unterziehen müssen. An dieser Stelle entscheidet sich das Schicksal der Intelligenz, ob sie fähig ist, länger fortzubestehen als die Gattung von Lebewesen, die sie weitergegeben hat und die der Umwelt, in der sie sich entwickeln konnte, große Schäden zufügt. Unsere interstellare Forschungsreise könnte uns verschiedene Möglichkeiten vor Augen führen: Dort, wo die intelligente Spezies ihre Prüfung bestanden hat, setzt das Abenteuer Universum seine Evolution fort, bis hin zu neuen Höhen, die wir uns nicht vorstellen können. Dort, wo diese Spezies ihrer Aufgabe nicht gerecht werden konnte, fände man die Trümmer und Überreste ihres Handelns. Auf diesen Hinterlassenschaften würde sich das Leben jener Wesen, die dem großen Sterben entkommen konnten, von Neuem entfalten... Und wenn es durch unsere

Intelligenz auf der Erde zu einer vergleichbaren Situation käme, dann fielen die Früchte unserer schöpferischen Fähigkeiten – die Kunst oder die Wissenschaften – der Zerstörung anheim und wären schon bald vergessen. Die Namen Mozart oder van Gogh hätten keine Bedeutung mehr. Außerdem gingen die bewundernswerte Hilfsbereitschaft der Menschen und ihr Mitgefühl gegenüber leidenden Lebewesen verloren.

*Aber vielleicht würde auf der kalten Asche nach einiger Zeit ein neues Kapitel der Evolution anbrechen?*
Ja, du hast recht. Wie viele andere Sterne hat die Sonne noch mehrere Milliarden von Lebensjahren vor sich. Und wer weiß, vielleicht fände die Intelligenz eine neue Chance, sich zu entwickeln und sogar fortzubestehen?

*Kann man sich dieser Herausforderung nicht schon jetzt stellen?*
Diese Frage zu beantworten, liegt in der Hand der gegenwärtigen Erdenbewohner.

# Aus dem Programm

Klaus Töpfer, Ranga Yogeshwar
*Unsere Zukunft*
Ein Gespräch über die Welt nach Fukushima
240 Seiten. Gebunden

Marcus du Sautoy
*Eine mathematische Mystery Tour durch unser Leben*
Aus dem Englischen von Stephan Gebauer
2011. 318 Seiten mit 125 Abbildungen im Text.
Gebunden

Michael Madeja
*Das kleine Buch vom Gehirn*
Reiseführer in ein unbekanntes Land
4. Auflage. 2011. 223 Seiten mit
12 Abbildungen im Text. Gebunden

Lamya Kaddor, Rabeya Müller
*Der Koran für Kinder und Erwachsene*
Mit Ornamenten von Karl Schlamminger
3. Auflage. 2010. 240 Seiten mit
21 farbigen Miniaturen. Halbleinen

Susanna Partsch
*Wer hat Angst vor Rot, Gelb, Blau?*
Eine Reise durch die moderne Kunst
2012. 208 Seiten mit etwa 60 Abbildungen
in Farbe. Gebunden

# NÖRDLICHER STERNENHIM